蛇 蛙 研 究 丛 书

No. 1 《从水到陆——刘承钊教授诞辰九十周年纪念文集》赵尔宓主编，科学出版社出版，1990。

No. 2 《中国龟鳖图集》周久发、周婷编著，赵尔宓译英，江苏科学技术出版社出版，1992。

No. 3 《动物科学研究——祝贺张孟闻教授九秩华诞纪念文集》钱燕文、赵尔宓、赵肯堂主编，中国林业出版社出版，1992。

No. 4 《中国黄山国际两栖爬行动物学学术会议论文集》赵尔宓、陈壁辉、Theodore J. Papenfuss 主编，中国林业出版社出版，1993。

No. 5 《Chinese Herpetological Literature–Catologue and Indices》(中国两栖爬行动物学文献 – 目录及索引) 赵尔宓、赵蕙编著，成都科技大学出版社出版，1994。

No. 6 《经济蛙类生态学及养殖工程》李鹄鸣、王菊凤编著，中国林业出版社出版，1995。

No. 7 《中国蛇岛》李建立编著，黄沐朋译英，辽宁科技出版社出版，1995。

No. 8 《中国两栖动物地理区划》赵尔宓主编，《四川动物》14 卷增刊，1995。

No. 9 《中国龟鳖研究》赵尔宓主编，周久发、周婷副主编，《四川动物》15 卷增刊，1997。

No. 10 《The Wonderland,The Outstanding Personality–Professor Cheng–chao Liu in Sichuan》(地灵人杰——刘承钊教授在四川) 赵尔宓、张学文、赵小苓编，台湾复文书局出版，2000。

No. 11 《Taxonomic Bibliography of Chinese Amphibia and Reptilia, including Karyological Literature》赵尔宓、张学文、赵蕙编著，台湾复文书局出版，2000。

No. 12 《中国的蛇类》上、下卷 赵尔宓编著，安徽科学技术出版社出版，2005。

龟鳖 分类图鉴

赵尔宓 审校 周 婷 主编

中国农业出版社

作者简介

周婷　女，江苏南京人，1966年5月生，大专，助理工程师。1993年于南京大学生物系进修班结业，1999年毕业于江苏省省级干部管理学院经济管理系。1988年开始筹建中国独家龟鳖博物馆——南京龟鳖自然博物馆，南京龟鳖研究会创始人之一，1989—2000年间任南京龟鳖自然博物馆馆长。现为世界自然保护联盟（IUCN）中国两栖爬行动物专家组成员；《两栖爬行动物多样性专辑》编辑委员会委员；南京龟鳖研究会秘书长；美国龟鳖之家（www.Turtlehomes.org/asia）亚洲网页站长助理，英国龟鳖托管会（Tortoise Trust）会员。自1989年以来长期从事龟鳖动物物种鉴定、养殖和疾病防治等方面工作。先后在国内电台、报刊发表科普文章30余篇，论文40余篇，编著出版了中国第一本龟鳖动物彩色图谱《中国龟鳖图集》，该书荣获1992年度华东地区科技优秀图书二等奖。1996年编著出版了《龟鳖欣赏与家庭饲养》，1997年参加编著了中国第一本龟鳖专著《中国龟鳖研究》，1999年编著出版了《观赏龟》，2001年编著出版了《龟鳖养殖与疾病防治》和《观赏龟的家庭饲养》。《陆龟欣赏与饲养》、《龟病图说》和《龟趣》等书也将先后出版。

手机：13805150950
E-mail：zt66@263.net

一、龟鳖的起源与演化

　　地球上现存500~5 000万余种生物经历了长期复杂的演变过程，都有一部起源与演化的历史。

　　龟鳖类动物是一支最古老、最特化的爬行动物。早在2亿年前的晚三叠纪，它们就在地球上出现并生息繁衍，种族多样，孳生不息，且历经时世变迁而仍繁衍不衰。那么谁是龟鳖动物的祖先呢？人们曾经将南非二叠纪的正南龟（*Eunotosaurus afriicanus*）作为龟类的祖先，但英国科学家 C. B. Cox 于 1969 年否定了这一说法，他认为正南龟是一种杯龙。目前，所知最早龟化石是距今2亿年前晚三叠纪的原颚龟（*Proganochelys quenstedti*），也称三叠龟。所以，原颚龟是龟类动物的原始祖系。原颚龟原产德国，1980—1981 年间在泰国北部也有发现。目前，中国尚未有确切发现原颚龟的记录。

原颚龟复原图（Ronald Orenstein，2001）

　　原始的原颚龟比近代的龟鳖类更为低等。原颚龟的牙齿已消失，两颚已形成角质状的喙，躯体已有龟壳保护，但它们的头部还不能缩入龟壳内。到中生代晚期，从原颚龟类发展成为两个类群——侧颈龟类和曲颈龟类（也称为潜颈龟类和隐颈龟类）；一直延续到现代，与现生的种类无多大差别。

原颚龟类

侧颈龟类

曲颈龟类

龟鳖类动物的发展

龟的化石（喻　强）

　　侧颈龟类出现于白垩纪，它们的头部不能缩入龟壳内，仅能侧弯缩入壳下，腰带仍与龟甲相连，有些种类仍具有间下板（mesoplastron），属较原始的一支龟类。它们曾广泛分布于北半球，现仅分布于南半球。

　　曲颈龟类最早见于侏罗纪末期，种类繁多。因其头部能自由缩入壳内，没有间下板，腰带与龟甲不相连，故较侧颈龟类进步。在曲颈龟类群中，泥龟科（Dermatemydidae）的成员被认为是最原始的种类。鳖类动物是从早期的原始龟类演变进化而来，1953年，由我国学者杨钟键和周明镇命名的维氏中国古鳖（*Sinaspideretes wimani*）的动物化石，被认为是世界上出现最早的鳖类代表之一。海龟类最早出现于距今1亿年前的白垩纪，但我国至今尚未发现海龟类的化石记录。海龟类是爬行动物上陆地后又返回海洋生活的实例。陆龟类最早记录是距今4 000万年前的始新世，从始新世开始一直很繁盛。可是到距今100万年前，陆龟类动物骤然衰落，仅有少数种类延续至今。

二、龟鳖的种类与地理分布

（一）世界龟鳖的种类与地理分布

在动物界中，龟鳖隶属于脊索动物门（Chordata）、脊椎动物亚门（Vertebrata）、爬行纲（Reptilia）、龟鳖目（Testudinata）。龟鳖目又分为2个亚目：侧颈龟亚目（Pleurodira）和曲颈龟亚目（Cryptodira）。

全世界现生龟鳖种类仅存13科89属270种左右。其分布范围见表2-1。

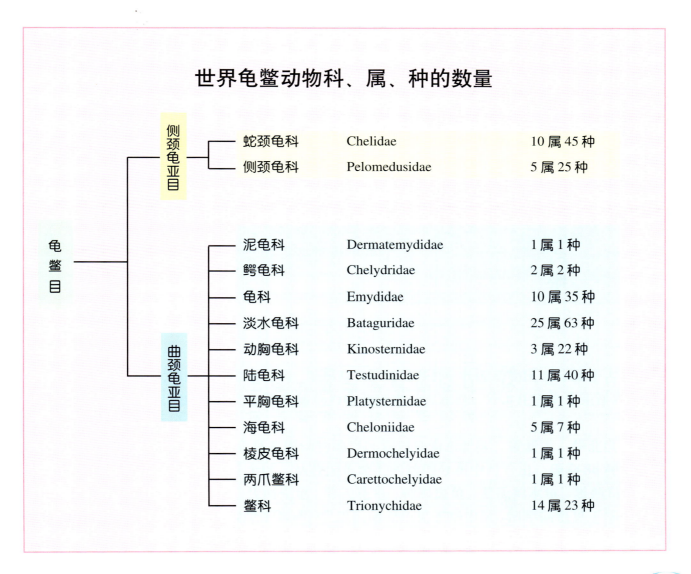

世界龟鳖动物科、属、种的数量

亚目	科	学名	数量
侧颈龟亚目	蛇颈龟科	Chelidae	10属45种
	侧颈龟科	Pelomedusidae	5属25种
曲颈龟亚目	泥龟科	Dermatemydidae	1属1种
	鳄龟科	Chelydridae	2属2种
	龟科	Emydidae	10属35种
	淡水龟科	Bataguridae	25属63种
	动胸龟科	Kinosternidae	3属22种
	陆龟科	Testudinidae	11属40种
	平胸龟科	Platysternidae	1属1种
	海龟科	Cheloniidae	5属7种
	棱皮龟科	Dermochelyidae	1属1种
	两爪鳖科	Carettochelyidae	1属1种
	鳖科	Trionychidae	14属23种

（龟鳖目）

（五）尾

大多数龟鳖类的尾部细而短，呈圆锥形。少数龟的尾部较长，如蛇鳄龟和平胸龟等。

平胸龟尾部的尾鳞排列呈环状

淡水龟科的成员尾部较短

蛇鳄龟尾部有硬嵴

四、龟鳖分类常用术语

　　龟鳖种类鉴别，除依据四肢形态、表面结构等特征外，还根据背甲、腹甲各盾片和骨板的形状、数目和排列方式，头骨的特征等。这里以龟类为例，介绍龟背甲、腹甲的盾片、骨板术语，海龟科、鳄龟科等龟鳖类的背甲、腹甲特征将在相应的章节中配图说明。

（一）背甲（carapace）

　　1.背甲的盾片(scutes of carapace)(图 4-1)

　　（1）椎盾（vertebral scute）　背甲正中的 1 列盾片，一般为 5 枚。

　　（2）颈盾（cervical scute）　椎盾前方，嵌于左右 2 枚缘盾之间的 1 枚小盾片。

　　（3）肋盾（costal scute）　椎盾左右两侧与左右缘盾之间的 2 列宽大的盾片，一般左右各 4 枚。

　　（4）缘盾（marginal scute）　背甲左右边缘 2 列较小的盾片，一般左右各 12 枚。有的也把背甲后缘正中的 1 对缘盾称作臀盾（supracaudal scute）。

　　（5）上缘盾（supramarginal scute）　肋盾左右两侧与左右缘盾之间的 2 列细长的盾片，数量通常左右各为 7~8 枚不等（中国龟类没有上缘盾，故通常不作介绍）。

　　2.背甲的骨板（bones of carapace）（图 4-2）

　　（1）椎板（neural plate）　中央 1 列骨板称椎板，一般为 8 枚。

　　（2）颈板（nuchal plate）　相当于颈盾部位的骨板，1 枚。

　　（3）肋板（costal plate）　椎板两侧的骨板，通常左右两侧各有 8 枚。

　　（4）上臀板（suprapygal plate）　椎板之后，一般有 1~2 枚，由前至后分别称为第一上臀板，第二上臀板。

　　（5）臀板（pygal plate）　上臀板之后，单枚。

　　（6）缘板（peripheral plate）　背甲边缘的 2 列骨板，一般左右各 11 枚。

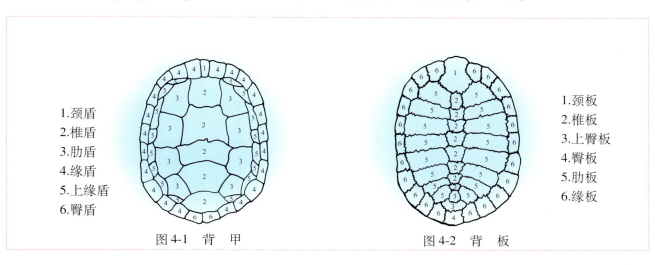

1.颈盾　2.椎盾　3.肋盾　4.缘盾　5.上缘盾　6.臀盾

图 4-1　背　甲

1.颈板　2.椎板　3.上臀板　4.臀板　5.肋板　6.缘板

图 4-2　背　板

（二）腹甲（plastron）

1.腹甲的盾片（scutes of plastron）（图4-3）　腹甲盾片由6对左右对称的盾片和1枚间喉盾组成。由前至后依次为间喉盾、喉盾、肱盾、胸盾、腹盾、股盾和肛盾。

（1）间喉盾（intergular scute）　腹甲最前缘正中央1枚盾片（中国龟类均无间喉盾）。

（2）喉盾（gular scute）　间喉盾和肱盾之间的1对盾片（中国龟类的喉盾是腹甲最前缘正中央的1对盾片）。

（3）肱盾（humeral scute）　喉盾和胸盾之间的1对盾片。

（4）胸盾（pectoral scute）　肱盾和腹盾之间的1对盾片。

（5）腹盾（abdominal scute）　胸盾和股盾之间的1对盾片。

（6）股盾（femoral scute）　腹盾和肛盾之间的1对盾片。

（7）肛盾（anal scute）　腹甲后部的1对盾片。

左右喉盾之间的沟叫喉盾沟，喉盾与肱盾之间的沟叫喉肱沟，余依此类推。

2.腹甲的骨板（bones of plastral）（图4-4）　腹甲骨板由11枚骨板组成（中国龟类由9枚骨板组成），除内板成单外，其余10枚均成对。由前至后依次为上板、内板、舌板、间下板、下板和剑板。

（1）上板（epiplastron plate）　腹甲最前缘1对骨板。

（2）内板（entoplastron plate）　单枚，介于上板与舌板中央，形状与位置变化甚大，或缺少。

（3）舌板（hyoplastron plate）　又称中腹板。位于上板、内板和间下板之间的1对盾片。

（4）间下板（mesoplastron plate）　舌板和下板之间的1对盾片。

（5）下板（hypoplastron plate）　间下板和剑板之间的1对盾片。

（6）剑板（xiphiplastron plate）　腹甲最后1对盾片。

左右上板之间的骨缝叫上板缝，上板与舌板之间的骨缝叫上舌缝。余依此类推。

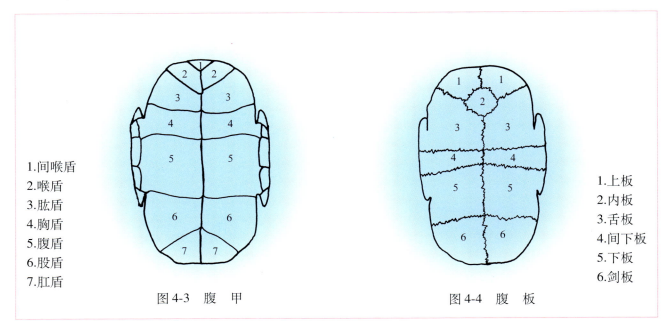

1.间喉盾
2.喉盾
3.肱盾
4.胸盾
5.腹盾
6.股盾
7.肛盾

图4-3　腹　甲

1.上板
2.内板
3.舌板
4.间下板
5.下板
6.剑板

图4-4　腹　板

（三）甲桥（bridge）

甲桥为腹甲的舌板及下板伸长与背甲借韧带或骨缝相连的部分（图4-5）。此处外层的盾片尚有以下几种：

（1）腋盾（axillary scute）　面临腋凹的盾片，左右各1枚。

（2）胯盾（inguinal scute）　面临胯凹的盾片，又称鼠蹊盾，左右各1枚。

（3）下缘盾（inframarginal scute）　在腹甲的胸盾、腹盾与背甲的缘盾之间的几枚小盾片。

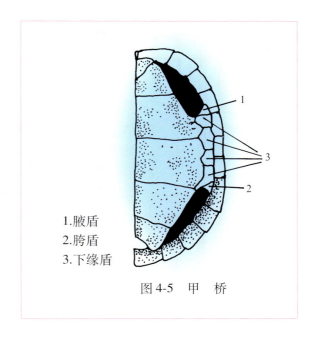

1.腋盾
2.胯盾
3.下缘盾

图4-5　甲　桥

（四）头骨（skull）

龟鳖头骨构造复杂，有40多枚骨块。现以乌龟头骨为例，介绍各个骨块名称（图4-6、图4-7）。

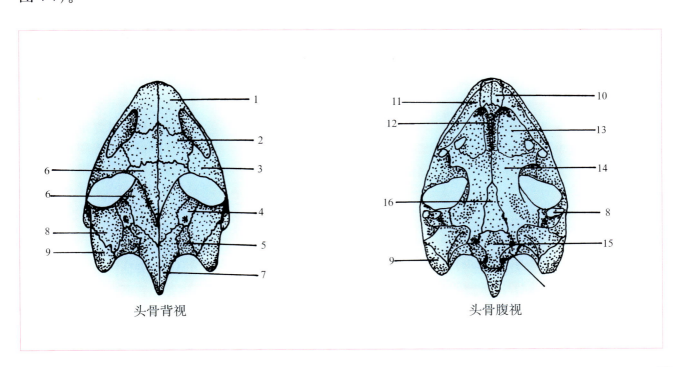

头骨背视　　　　　头骨腹视

花面蟾龟的头部

花面蟾龟

花面蟾龟的腹面

拟澳龟属 *Pseudemydura* Siebenrock, 1901

本属仅有1种，即黑拟澳龟 （*Pseudemydura umbrina*）。主要特征：背甲上没有椎板，腹甲上的喉盾将肱盾隔开。前肢具5个爪。

黑拟澳龟

【拉 丁 名】*Pseudemydura umbrina* Siebenrock，1901
【英 文 名】Western Swamp Turtle
【别　　 名】拟澳龟
【分类地位】蛇颈龟科、拟澳龟属
【分　　 布】澳大利亚的西南部。
【形态特征】背甲棕色或淡棕色，扁平，后缘呈锯齿状，没有椎板，第2枚到第4枚椎盾的中央凹陷。 腹甲黄色，接缝处是黑色，腹甲很大，间喉盾很大。头部和颈部为灰褐色，下腹部为淡黄色，头较宽且短，顶部平坦，上喙不呈钩状，下颌有1对触角。颈部有疣粒。四肢灰褐色，指、趾间有发达的蹼，前肢有大的鳞片。尾短。

【生活习性】属水栖龟类，肉食性，以甲壳类、水生昆虫和蝌蚪为食物。据Cann 1978年报道：繁殖季节在10～11月，每窝有3~5枚白色硬壳长椭圆形卵，孵化期大约需要6个月。

黑拟澳龟(Harold G.Coffer)

澳龟属 *Emydura* Bonaparte,1836

　　本属6种。分布于澳大利亚和新几内亚。主要特征：背甲呈椭圆形，具颈盾，第1枚椎盾比第2枚椎盾窄，缘盾不呈锯齿状（幼龟略呈锯齿状）。腹甲较长且窄，间喉盾将喉盾隔开，但不隔开肱盾或胸盾，腹甲后部缺刻较深。前肢5爪，后肢4爪（图5-2）。

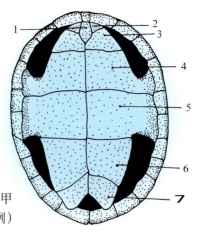

图5-2　澳龟属的腹甲
（以圆澳龟为例）

1.间喉盾	3.肱盾	5.腹盾	7.肛盾
2.喉盾	4.胸盾	6.股盾	

圆 澳 龟

【拉 丁 名】*Emydura subglobosa* (Krefft，1876)
【英 文 名】Red-bellied Short-necked Turtle
【别　　名】红纹曲颈龟、红肚澳龟、红肚短颈龟、红喙短颈龟
【分类地位】蛇颈龟科、澳龟属
【分　　布】新几内亚。
【形态特征】背甲棕红色，椭圆形，但前半部窄，后半部宽，缘盾边缘和缘盾的腹部为淡粉红色（幼龟为猩红色），具颈盾。腹甲淡粉红色（幼龟猩红色），腹甲较长，间喉盾将喉盾隔开，但不完全隔开肱盾或胸盾，没有腋盾和胯盾。头部灰色（幼龟颜色较深），眼眶后具1对淡黄色条纹，下颌淡黄色（幼龟为猩红色），具1对淡黄色触角，颈腹部淡黄色。四肢灰褐色（幼龟背部为猩红色），前肢5爪，后肢4爪，指、趾间具发达蹼。

【生活习性】属水栖龟类，生活于溪、河和湖泊地带。肉食性，以水生甲壳类及昆虫为主。人工饲养

圆澳龟的幼龟（李德胜）

条件下，食小鱼和肉类，也食混合饵料。9月和11月有产卵现象，背甲长21厘米的雌龟可产卵17~21枚。卵硬壳白色，呈长椭圆形。

圆澳龟幼龟的腹面

墨累澳龟

【拉 丁 名】*Emydura macquarrii*（Gray , 1831）
【英 文 名】Murray River Turtle
【别　　名】澳大利亚龟
【分类地位】蛇颈龟科、澳龟属
【分　　布】澳大利亚。
【形态特征】背甲长可达31厘米。棕褐色，长椭圆形，具颈盾，后部缘盾向外扩大，但不朝上翻卷。腹甲淡粉红色（幼龟猩红色），腹甲又窄又长。头部较小，灰色（幼龟颜色较深），眼眶到耳部没有条纹，鼻部略微呈猪鼻状，上喙中央无缺刻，下颌淡黄色，具1对淡黄色触角。颈背部淡灰色，略呈橄榄绿色，腹部淡黄色。四肢灰褐色，前肢5爪，后肢4爪，指、趾间具发达蹼。

【生活习性】属水栖龟类，生活于溪、河和湖泊地带。杂食性，以鱼、各种各样的水生蠕虫、甲壳类、昆虫、藻类和水生植物为主。在风和日丽的晴天，有上岸晒壳的习性，冬季来临时有冬眠习惯。每年10~11月产卵，通常在暴风雨之后产卵，每次产卵6~24枚不等。卵为白色硬壳长椭圆形，长径33毫米左右，短径23毫米左右。自然孵化期75天左右，通常在66~85天。稚龟背甲长30毫米，背甲中央有明显的中央嵴棱，后部缘盾呈锯齿状。

墨累澳龟（Ron de Bruin）

扁龟属 *Platemys* Wagler , 1830

本属仅1种。主要特征：背甲长椭圆形，具颈盾，但缺少颈板，第1枚椎盾较宽，或与第2枚椎盾一样宽，第2枚至第4枚椎盾间有凹陷的槽沟；腹甲较长，间喉盾将喉盾隔开，但不隔开肱盾。头顶部具皮肤，无鳞片覆盖。前肢5爪，后肢4爪，指、趾间具蹼（图5-3）。

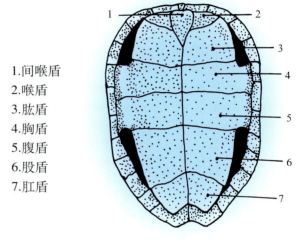

1.间喉盾
2.喉盾
3.肱盾
4.胸盾
5.腹盾
6.股盾
7.肛盾

图5-3　扁龟属的腹甲（以红头扁龟为例）

红头扁龟

【拉 丁 名】*Platemys platycephala* (Schneider , 1792)

【英 文 名】Twist-necked Turtle

【别　　名】红头蛇颈龟、扁龟、蛇颈扁龟、平头扁龟

【分类地位】蛇颈龟科、扁龟属

【分　　布】哥伦比亚、玻利维亚、巴西、秘鲁。

【形态特征】背甲棕褐色，呈长椭圆形，具颈盾，第1枚椎盾较宽，或与第2枚椎盾一样宽，背甲第2枚椎盾与第4枚椎盾间凹陷较深，形成较宽的槽沟，且槽沟左右各有2条龙骨，缘盾腹部淡黄色，盾片（除甲桥处的盾片）上具有褐色斑块。腹甲黄色，腹甲较长，间喉盾将喉盾隔开，但不隔开肱盾。头顶部深黄色，略带棕色，头顶平滑，下颌、颈腹部为褐色。四肢褐色，前肢5爪，后肢4爪，指、趾间具蹼。

【生活习性】红头扁龟背甲长不超过18厘米，属小型蛇颈龟类。因不善游泳，所以喜生活于水潭、浅滩或沼泽地带。食物以蜗牛、蠕虫、昆虫和一些两栖小动物为主，人工饲养下也食水草。每年8月至翌年2月为产卵季节，通常仅产1枚白色椭圆形的卵。卵长径51~61毫米，短径26~29毫米。稚龟背甲长43~57毫米。

红头扁龟

红头扁龟的腹面

刺龟属 *Acanthochelys* Gray，1873

本属4种。主要特征：背甲长椭圆形，第1枚椎盾较宽，背甲第2枚椎盾至第4枚椎盾间凹陷的槽沟较浅。头顶部具鳞片。

蛇颈刺龟

【拉 丁 名】*Acanthochelys spixii* (Duméril and Bibron, 1835)
【英 文 名】Spiny-neck Turtle
【别　　名】黑腹刺颈龟
【分类地位】蛇颈龟科、刺龟属
【分　　布】巴西、阿根廷、乌拉圭和巴拉圭。
【形态特征】背甲最大17厘米左右，棕褐色，呈长椭圆形，具颈盾，第1枚椎盾较宽，背甲第2枚椎盾与第4枚椎盾间凹陷较浅，形成较宽的槽沟，且槽沟左右各有2条龙骨，缘盾腹部淡黄色，盾片（除甲桥处的盾片）上具有褐色斑块。腹甲黄色，较长。头顶部淡灰褐色，具鳞片，眼睛虹膜为白色，下颌中央具1对触角，颈背部有许多硬棘状的长刺，颈腹部为褐色。四肢褐色，前肢5爪，后肢4爪，指、趾间具蹼。
【生活习性】体型适中，生活于水潭、浅滩或沼泽地带。食物以蜗牛、蠕虫、小鱼和一些两栖小动物为主。生殖习性不详。

蛇颈刺龟的头部（Ron de Bruin）

蛇颈刺龟
(Ron de Bruin)

阿根廷刺龟

【拉 丁 名】*Acanthochelys pallidipectoris* (Freiberg , 1945)
【英 文 名】Chaco Side-necked Turtle
【别　　名】查科刺龟、刺股蛇颈龟
【分类地位】蛇颈龟科、刺龟属
【分　　布】阿根廷，玻利维亚东部可能也有分布。
【形态特征】背甲长17厘米左右，灰褐色或橄榄褐色，呈长椭圆形，缘盾腹部淡黄色，后部缘盾不呈锯齿状。腹甲黄色，较长，前半部比后半部宽。头部较宽，顶部淡灰褐色，具鳞片，鼓膜为黄色，眼睛虹膜为白色，颈背部有许多硬棘状的疣粒，颈腹部为淡黄色。四肢褐色，在尾部两侧具有许多硬棘状的刺，其中有一根刺大于其他刺，此特征在雄龟个体上更为显著。前肢5爪，后肢4爪，指、趾间具蹼。尾短。
【生活习性】体型适中，生活于流速平缓的浅水区域。食物以肉食性为主，蜗牛、蠕虫和小鱼等都是其良好的食物。生殖习性不详。

阿根廷刺龟（Ron de Bruin）

巴西刺龟

【拉 丁 名】*Acanthochelys radiolata* (Mikan，1820)
【英 文 名】Brazilian Radiolated Swamp Turtle
【别　　名】花边刺龟
【分类地位】蛇颈龟科、刺龟属
【分　　布】巴西。

巴西刺龟（Ron de Bruin）

【形态特征】背甲最大20厘米左右，棕褐色，呈长椭圆形，具颈盾，第1枚椎盾较宽，背甲第2枚椎盾与第4枚椎盾间凹陷较浅，形成较宽的槽沟，前缘和后缘的缘盾较宽，缘盾腹部淡黄色。腹甲黄色，较长，各盾片间的连接缝为黑色。头顶部灰橄榄色，具鳞片，上喙不呈钩状，眼睛虹膜为白色，下颌中央具1对触角，颈背部有一些硬棘状的小刺，头侧和颈腹部为淡黄色。四肢背部灰褐色，腹部淡黄色，前肢5爪，后肢4爪，指、趾间具蹼。尾短。

【生活习性】体型适中，常生活于水流缓慢的、底部有泥沙和植被丰富的水域。天气晴朗时，上岸晒壳。食物以水生昆虫、蜗牛、蠕虫、小鱼和一些两栖小动物为主。生殖习性不详。

巴西刺龟的腹面 （Ron de Bruin）

长颈龟属 *Chelodina* Fitzinger，1826

本属9种。分布于澳大利亚和新几内亚。主要特征：背甲椭圆形，较平，缘盾平滑，不呈锯齿状；颈盾较小，通常没有颈板，第1枚椎盾比第2枚椎盾宽。腹甲较长，间喉盾较大，位于喉盾、肱盾和胸盾间，间喉盾前缘不延长至腹甲边缘。前肢和后肢均具4爪（图5-4）。

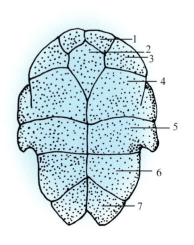

图5-4 长颈龟属的腹甲（以西氏长颈龟为例）

1.喉盾	3.肱盾	5.腹盾	7.肛盾
2.间喉盾	4.胸盾	6.股盾	

澳洲长颈龟

【拉 丁 名】*Chelodina longicollis*（Shaw，1794）
【英 文 名】Common Snake-necked Turtle
【别　　名】长颈龟
【分类地位】蛇颈龟科、长颈龟属
【分　　布】澳大利亚东南部到昆士兰东部沿岸的水域。
【形态特征】背甲黑褐色，卵圆形，背甲前部小，后部宽大，且后部是整个背甲中最宽大的部位，无椎板。腹甲淡黄色，盾片接缝为深黄色，盾片较宽大，且前半部和后半部几乎一样大。头部和颈部深橄榄色，上喙不呈钩状。四肢深橄榄色，每个前后肢上均有4~5枚大的鳞片，指、趾间有蹼。
【生活习性】生活于水流平缓的河流、溪流和环礁湖，以各种水生动物为食。

澳洲长颈龟的腹面（Harold G.Cogger）

澳洲长颈龟（松坂 实）

西氏长颈龟

【拉 丁 名】 *Chelodina siebenrocki* Werner , 1901
【英 文 名】 Siebenrock's Snake-necked Turtle
【别　　名】扁头长颈龟
【分类地位】蛇颈龟科、长颈龟属
【分　　布】新几内亚南岸及托雷斯海峡中部分岛屿。
【形态特征】背甲棕褐色（有少部分龟的背甲为淡棕色），呈椭圆形，缘盾不呈锯齿状，颈盾较小。腹甲黄色，较长且窄，无任何斑点；间喉盾较大，位于喉盾、肱盾、胸盾间，间喉盾前缘不延长至腹甲边缘。头顶部、颈背部为深灰色，头顶部平滑，下颌、颈腹部为淡灰色；颈部较长，不能完全隐匿于体侧。四肢背部深灰色，腹部淡灰色，前肢和后肢均具4爪。尾短。
【生活习性】属水栖龟类，生活于小溪、池塘和沼泽地带。喜生活于淤泥中，不喜晒壳。以肉食性为主，人工饲养时，喜食肉类、小鱼、面包虫、蚯蚓和混合饵料。每年5月开始产卵，每次产卵4~17枚。

背甲长4厘米的西氏长颈龟（幼龟）

西氏长颈龟的腹面

西氏长颈龟

窄胸长颈龟

【拉 丁 名】*Chelodina oblonga* Gray , 1841
【英 文 名】Narrow-breasted Snake-necked Turtle
【别　　名】椭圆长颈龟
【分类地位】蛇颈龟科、长颈龟属
【分　　布】澳大利亚。
【形态特征】背甲深棕褐色，也有一部分龟的背甲为淡棕色，呈较窄的卵圆形。腹甲淡黄色或乳白色，较长且窄，无任何斑点。头顶部、颈背部为淡灰褐色，头顶部平滑，下颌、颈腹部为淡黄色；颈部较长，不能完全隐匿于体侧。四肢背部深灰色，腹部淡灰色，前肢和后肢均具4爪。尾短。
【生活习性】属水栖龟类，生活于小溪、池塘、沼泽地带。不畏寒冷，没有夏眠。肉食性，以蝌蚪、各种各样的软体动物和甲壳动物为主。每年9月至11月上旬开始产第一批卵，12月至翌年1月产第2次卵。产卵地点位于植被丰富的宽阔地带，且环境温度在17.5℃以上，每次产卵3~12枚。卵白色长椭圆形，长径为30~36.7毫米，短径为18~23.4毫米。自然孵化天数受气温影响较大，通常为183~222天。

窄胸长颈龟（Ron de Bruin）

麦氏长颈龟

【拉 丁 名】*Chelodina mccordi* Rhodin, 1994
【英 文 名】McCord's Longneck Turtle
【别　　名】长颈龟
【分类地位】蛇颈龟科、长颈龟属
【分　　布】罗地岛西南部（罗地岛位于印度尼西亚帝汶岛以南）。
【形态特征】背甲颜色变化较大，但大多数颜色为灰褐色，卵圆形，前部较窄，后部较宽，背甲第一枚椎盾最宽，后部缘盾不呈锯齿状。腹甲淡黄色，每块盾片间的接缝处为深褐色，腹甲较宽，前缘较后部宽，间喉盾较长且宽，向前延伸不超过腹甲前部边缘。头顶部和颈背部灰褐色，下颌和颈腹部乳白色，头部较小，顶部和颞窝处有细小鳞片，颈背部有小疣粒。四肢灰褐色，指、趾间具蹼。尾灰褐色，长短适中。
【生活习性】有关生活习性不详。

刚出壳的麦氏长颈龟（William P. McCord）

刚出壳的麦氏长颈龟腹面（William P. McCord）

麦氏长颈龟的腹面（William P. McCord）

麦氏长颈龟（William P. McCord）

坎氏长颈龟

【拉 丁 名】*Chelodina canni* McCord et al., 2002
【英 文 名】Cann's Longneck Turtle
【别　　名】长颈龟
【分类地位】蛇颈龟科、长颈龟属
【分　　布】澳大利亚西北部。
【形态特征】背甲棕褐色，卵圆形，背甲前部较窄，背甲后部扩大，颈盾较大，缘盾的腹面为淡黄色。腹甲淡黄色，前部宽大，呈半圆形，后部窄小，中央有缺刻。头较宽大，顶部淡棕色，有细小鳞片，颈部有疣粒，下颌呈乳白色。四肢背面棕色，腹部淡黄色，指、趾间具蹼。尾短。
【生活习性】坎氏长颈龟是McCord等人于2002年命名的新种。有关生活习性不详。

刚出壳的坎氏长颈龟（William P. McCord）

刚出壳的坎氏长颈龟腹面（William P. McCord）

坎氏长颈龟（William P. McCord）

坎氏长颈龟的腹面（William P. McCord）

蛇颈龟属 *Chelus* Duméril，1806

本属仅 1 种。主要特征：头部大且长，吻部窄呈管状。有颈板。间喉盾将喉盾隔开（图5-5）。前肢 5 爪。

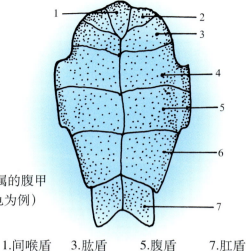

图 5-5　蛇颈龟属的腹甲
（以玛塔蛇颈龟为例）

1.间喉盾　3.肱盾　5.腹盾　7.肛盾
2.喉盾　　4.胸盾　6.股盾

玛塔蛇颈龟

【拉 丁 名】*Chelus fimbriata*（Schneider，1783）
【英 文 名】Matamata Turtle
【别　　名】枯叶龟、蛇颈龟、玛塔龟
【分类地位】蛇颈龟科、蛇颈龟属
【分　　布】委内瑞拉、秘鲁、玻利维亚、哥伦比亚、厄瓜多尔。
【形态特征】背甲棕黑色（幼龟橘黄色），呈长方形，具有颈盾，幼龟肋盾上有圆形黑色斑点，每块椎盾、肋盾中央有小山峰突起，背甲中央具 3 条嵴，缘盾后部呈锯齿状。腹甲棕褐色，左右两侧具不规则黄色小斑块，间喉盾将喉盾隔开。头部棕褐色（幼龟橘黄色），呈三角形，吻部呈管状，眼睛后部具有三角形叶状肉质触角，头顶部、颈部布满长短不一穗状肉质触角，颈腹部具 2 条深棕色粗条纹。四肢背部深棕色，腹部淡黄色，前肢 5 爪，后肢 4 爪。尾短。
【生活习性】属水栖龟类，喜生活于水塘、溪流等地带，常生活于静止或流速缓慢的水域底部，少游动。肉食性，以鱼类为主，捕食方式为守株待兔形式：龟伸长颈部并张开嘴，待鱼游近时，突然闭嘴，将鱼吸入腹中。繁殖季节为 10~12 月，每次产卵 12~28 枚。卵呈圆球形，直径 34~37.5 毫米，经 7~10 个月孵化。

玛塔蛇颈龟（李德胜）

张着嘴的玛塔蛇颈龟（黄文山）

玛塔蛇颈龟的腹面

癞颈龟属 *Elseya* Gray，1867

　　本属3种。分布于澳大利亚北部和东部。主要特征：背甲无颈盾，第2枚肋盾与第3枚肋盾的连缝、第3枚肋盾与第4枚肋盾的连缝与第7枚缘盾和第8枚缘盾的连缝相连。腹甲上间喉盾与胸盾不相连；头部后方有大且硬的角质板，向鼓膜方向延伸，此为癞颈龟属区别于其他蛇颈龟科成员的特征。头侧表面上有圆形鳞片，颈部具棘状突起（图5-6、图5-7）。

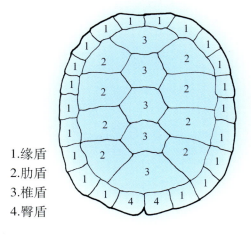

1.缘盾
2.肋盾
3.椎盾
4.臀盾

图 5-6　癞颈龟属的背甲
（以齿缘癞颈龟为例）

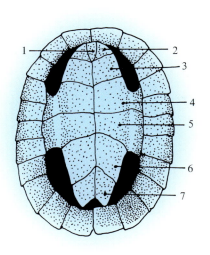

1.间喉盾
2.喉盾
3.肱盾
4.胸盾
5.腹盾
6.股盾
7.肛盾

图 5-7　癞颈龟属的腹甲
（以齿缘癞颈龟为例）

齿缘癞颈龟

【拉 丁 名】*Elseya dentata* (Gray，1863)
【英 文 名】Northern Australian Snapping Turtle
【别　　名】澳大利亚北部癞颈龟
【分类地位】蛇颈龟科、癞颈龟属
【分　　布】澳大利亚。
【形态特征】背甲棕色，呈圆形，中央扁平，具一嵴棱，无颈盾，后缘略呈锯齿状。腹甲淡黄色，前缘圆滑，后缘缺刻。头顶部和侧面均为棕色，上颌、下颌和颈部为淡黄色，趋向乳白色。四肢背部灰色，腹部乳白色，前肢5爪，后肢4爪。尾灰色且短。
【生活习性】属水栖龟类，杂食性。繁殖季节为10~11月。卵呈长椭圆形，白色，长径48毫米左右，短径27毫米左右。

齿缘癞颈龟的腹面

齿缘癞颈龟的背甲上无颈盾（李德胜）

宽胸癞颈龟

【拉　丁　名】*Elseya latisternum* Gray，1867

【英　文　名】Serrated Snapping Turtle

【别　　　名】锯齿癞颈龟、锯齿盔甲龟

【分类地位】蛇颈龟科、癞颈龟属

【分　　　布】澳大利亚。

【形态特征】背甲长达 28 厘米，棕褐色，呈长椭圆形，中央扁平，无颈盾，后缘呈锯齿状。腹甲淡黄色，较长且窄，前缘圆滑，后缘缺刻，前半部大于后半部。头顶部和侧面均为棕褐色，上颌、下颌和颈部为淡褐色，在下颌中央有 1 对触角，颈背部具硬棘状的刺。四肢灰褐色，前肢 5 爪，后肢 4 爪，指、趾间具发达蹼。尾灰色且短。

宽胸癞颈龟（Ron de Bruin）

【生活习性】属水栖龟类，大河、湖和沼泽地都是它们良好的生活环境。杂食性，喜捕食昆虫。繁殖季节为 9~10 月，每次产卵 9~17 枚。卵长椭圆形，白色，长径 33~40.8 毫米，短径 21~25.7 毫米。

渔龟属 *Hydromedusa* Wagler,1830

本属2种。主要特征：背甲较平坦，颈部较长。间喉盾较长，直到腹甲前部边缘，隔开喉盾（图5-8）。前肢4爪。

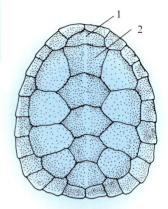

1.颈盾
2.椎盾

图5-8　南美渔龟的背甲

南美渔龟

【拉　丁　名】*Hydromedusa tectifera* Cope,1869
【英　文　名】South American Snake-necked Turtle
【别　　　名】钉颈龟、特克迪符拉蛇颈龟、阿根廷蛇颈龟
【分类地位】蛇颈龟科、渔龟属
【分　　　布】巴西东南部、乌拉圭、阿根廷和巴拉圭。
【形态特征】背甲长达30厘米。幼龟背甲椭圆形，呈深棕色，颈盾较大，位于第1和第2枚缘盾的后部，椎盾的宽度比长度长，第1枚椎盾最大，第4枚缘盾最小。腹甲淡黄色，有棕黑色杂斑纹，间喉盾较长，向前延伸到腹甲边缘，隔开喉盾。头顶部淡橄榄色，头侧面淡黄色，自吻部有1条纵纹，过眼部，一直延伸至颈部，口角边无褶。四肢淡灰色，指、趾间具发达蹼，前后肢均有4爪。尾部淡灰色，长短适中。
【生活习性】生活于湖泊、沼泽和池塘等水域。喜食各种水栖小动物，特别喜爱吃田螺。不畏寒冷，气温降低时，将在水底淤泥中冬眠。雌性体型比雄性大。

南美渔龟的幼龟（林　颖）

南美渔龟（松坂　实）　　　　南美渔龟幼龟的腹面

（二）侧颈龟科 PELOMEDUSIDAE Cope,1868

　　侧颈龟科5属25种左右。分布于非洲和南美洲。主要特征：颈部较短，能完全隐匿于体侧背甲与腹甲间，腹甲骨板11枚，具有1对间下板；颚骨彼此相连，没有鼻骨，前额骨彼此相连。

侧颈龟科的属检索

1a.后肢有5个爪 2
1b.后肢有4个爪 3
2a.腹甲上胸盾和腹盾间以韧带相连；间下板在腹甲中线相遇
.... 非洲侧颈龟属 (*Pelusios*)
2b.腹甲上胸盾和腹盾间没有韧带；间下板在腹甲中线不相遇
.... 侧颈龟属 (*Pelomedusa*)
3a.间喉盾较长，将喉盾隔开 4
3b.间喉盾较短，没有将喉盾隔开 .... 壮龟属 (*Erymnochelys*)
4a.眼眶间有凹槽；上喙不呈钩状 .... 南美侧颈龟属 (*Podocnemis*)
4b.眼眶间没有凹槽；上喙呈钩状 .... 盾龟属 (*Peltocephalus*)

侧颈龟属 *Pelomedusa* Wagler , 1830

　　本属仅1种3个亚种。主要特征：腹甲坚硬，胸盾和腹盾间无韧带，腹甲上无胸盾沟，间下板宽（图5-9）。

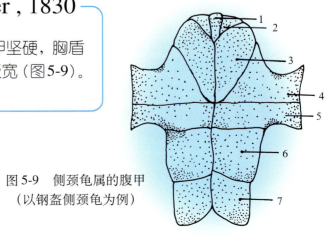

图5-9　侧颈龟属的腹甲
（以钢盔侧颈龟为例）

1.间喉盾　　3.肱盾　　5.腹盾　　7.肛盾
2.喉盾　　　4.胸盾　　6.股盾

钢盔侧颈龟

【拉 丁 名】*Pelomedusa subrufa* (Bonnaterre , 1789)
【英 文 名】Helmeted Turtle
【别　　名】沼泽侧颈龟
【分类地位】侧颈龟科、侧颈龟属
【分　　布】撒哈拉沙漠以南非洲全境，马达加斯加岛，阿拉伯半岛南端。
【形态特征】背甲棕色，每块盾片间的连接线呈深棕色，且较宽；背甲呈长方形，中央扁平。成龟腹甲深棕色，近似棕黑色（幼龟腹甲淡黄色，每条沟呈深棕色，周围呈淡棕色）；腹甲上无韧带，胸盾沟不在中线相遇。头顶、颈背部呈淡灰褐色，散布深褐色小斑点，眼睛较大，喙呈人字形，颈腹部、喉部乳白色。四肢背部褐色，腹部乳白色，指、趾间具发达蹼，前肢和后肢均为5爪。尾短。
【生活习性】属水栖龟类，生活于广阔的湖泊、河川和沼泽地带。肉食性，以各种昆虫、小型动物为主食。人工饲养条件下，吃瘦猪肉、小鱼等。繁殖季节为晚春或初夏，通常每窝产卵13~16枚。卵长径38毫米，短径20毫米。孵化期75~90天。

钢盔侧颈龟的腹面

钢盔侧颈龟的喙为人字形

钢盔侧颈龟的背甲上无颈盾

非洲侧颈龟属 *Pelusios* Wagler , 1830

本属16种。分布于非洲和马达加斯加，如塞舌尔、毛里求斯等。主要特征：背甲与腹甲间、胸盾与腹盾间借韧带相连。后肢具5爪（图5-10）。

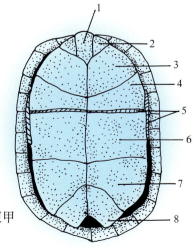

图5-10　非洲侧颈龟属的腹甲
（以非洲侧颈龟为例）

1.间喉盾　3.肱盾　5.韧带　7.股盾
2.喉盾　4.胸盾　6.腹盾　8.肛盾

非洲侧颈龟

【拉 丁 名】*Pelusios gabonensis*（Duméril，1856）
【英 文 名】African Forest Turtle
【别 　 名】森林侧颈龟、西非侧颈龟
【分类地位】侧颈龟科、非洲侧颈龟属
【分 　 布】非洲的利比里亚、扎伊尔、乌干达和坦桑尼亚西部。
【形态特征】背甲棕黄色，椭圆形，无颈盾，背甲中央有一条黑色条纹，前后缘不呈锯齿状，缘盾腹面黄色，具黑色斑块。腹甲黑色，无任何斑纹，胸盾与腹盾间具韧带，前缘呈半圆形，后缘有缺刻。头部淡灰色，头顶、侧面具不规则黑色细小斑点；颈部淡灰色。四肢淡灰色，前肢和后肢均为5爪，指、趾间具蹼。尾淡灰色且短。
【生活习性】属水栖龟类，生活于热带雨林中的湖泊和河流等水域。肉食性，以小鱼和蠕虫为主要食物。每次产卵12枚左右。

非洲侧颈龟（松坂　实）

非洲侧颈龟的腹甲上有韧带，
背甲与腹甲能闭合（松坂　实）

锯齿侧颈龟

【拉 丁 名】*Pelusios sinuatus* (Smith, 1838)
【英 文 名】East African Serrated Mud Turtle
【别　　名】棱背侧颈龟
【分类地位】侧颈龟科、非洲侧颈龟属
【分　　布】非洲东部。
【形态特征】背甲黑色，椭圆形，无颈盾，背甲中央具一条嵴棱，后部缘盾呈锯齿状。腹甲中央黄色，边缘具黑色棱角状斑纹。头顶黑色，侧面、颈部淡褐色。四肢淡褐色，指、趾间具蹼。尾淡褐色且短。
【生活习性】本属中体型最大的一种，背甲长可达46.5厘米。栖息于湖沼和河流等地。肉食性，以贝类、小青蛙和蠕虫为主食。每年10~11月为产卵期，每次产卵7~13枚。

锯齿侧颈龟（Ron de Bruin）

南美侧颈龟属 *Podocnemis* Wagler,1830

本属6种。分布于南美洲的北部。主要特征：背甲椭圆形，腹甲喉盾被间喉盾隔开。头顶眼眶间有凹槽，喙不呈钩状。

黄头南美侧颈龟

【拉 丁 名】 *Podocnemis unifilis* Troschel, 1848
【英 文 名】 Yellow-spotted River Turtle
【别　　名】 黄头侧颈龟
【分类地位】 侧颈龟科、南美侧颈龟属
【分　　布】 玻利维亚、厄瓜多尔、秘鲁、圭亚那、委内瑞拉、哥伦比亚和巴西。
【形态特征】 背甲长达68厘米，是本属中体型较大的一种侧颈龟。幼龟背甲淡橄榄色，成龟的背甲颜色较深，背甲呈椭圆形，顶部隆起，中央有一条嵴棱，背甲前后边缘不呈锯齿状。腹甲淡黄色，腹甲前部边缘呈半圆形，腹甲后部边缘缺刻，腹甲前部较后半部大，间喉盾较长，并且将喉盾分隔开，但不隔开肱盾。头部黑褐色，头顶部和侧面有淡黄色或橘红色的斑纹，眼睛较大，喙呈流线型。四肢黑褐色，后肢边缘有3枚大鳞片。尾短，黑褐色。

【生活习性】 属水栖龟类，生活于湖泊和河川等水域中。以植物性食物为主，如水草和果实等，也能吃一些死鱼。在巴西，通常6~11月间是繁殖季节，每年至少产2次卵，每次产卵15~25枚。卵长径45毫米，短径28毫米。稚龟背甲长约45毫米。

黄头南美侧颈龟（林　颖）

黄头南美侧颈龟的腹面（林　颖）

黄头南美侧颈龟的幼龟

六疣南美侧颈龟

【拉 丁 名】*Podocnemis sextuberculata* Cornalia , 1849
【英 文 名】Six - tubercled Amazon River Turtle
【别　　名】六峰南美侧颈龟
【分类地位】侧颈龟科、南美侧颈龟属
【分　　布】亚马孙河流域的巴西北部、秘鲁东北部、哥伦比亚西南部。
【形态特征】背甲长通常为31.7厘米，是6种南美侧颈龟属成员中体型最小的一种。背甲灰褐色，呈卵圆形，中部较宽，后缘呈锯齿状（亚成体较明显）。腹甲和甲桥灰黄褐色，腹甲前半部较后半部宽，前缘呈半圆形，后缘缺刻，间喉盾将喉盾分开，幼龟的胸盾、腹盾和股盾等部位上有疣瘤状突起。头部较宽，灰橄榄色，无任何斑纹，颈部灰褐色。四肢灰橄榄色，后肢有3枚大的鳞片，趾、指间有发达的蹼。尾长短适中。
【生活习性】属水栖龟类，杂食性，捕食水中的水生植物和小鱼。在亚马孙河的上游，繁殖季节在10月左右。

六疣南美侧颈龟（松坂　实）

六疣南美侧颈龟的腹面有6个疣瘤（松坂　实）

盾龟属 *Peltocephalus* Duméril and Bibron, 1835

本属仅 1 种，即大头盾龟（*Peltocephalus dumeriliana*）。主要特征：背甲隆起，中央有脊棱，有颈盾。腹甲宽大，喉盾被间喉盾完全隔开。在侧颈龟科中，眼眶之间没有明显凹槽是盾龟属特有的特征。

大头盾龟

【拉 丁 名】*Peltocephalus dumeriliana*（Schweigger, 1812）
【英 文 名】Big-head Amazon River Turtle
【别　　名】亚马孙龟
【分类地位】侧颈龟科、盾龟属
【分　　布】委内瑞拉境内的澳里诺科河流域和亚马孙河流域，哥伦比亚东部，厄瓜多尔东部，秘鲁东北部，巴西等。
【形态特征】背甲长达 68 厘米。背甲呈灰黑色，带有棕色，背甲隆起，中央有脊棱，有颈盾。腹甲和甲桥棕黄色，腹甲较大，间喉盾将喉盾完全隔开。头部呈灰褐色，但鼓膜区域颜色较淡，下颌棕黄色，颈部灰褐色，吻部倾斜，上喙有锋利的钩，下颌中央仅有惟一的触角。四肢灰褐色，前后肢的边缘有 3 枚较大的鳞片，指、趾间具有发达的蹼。尾长短适中。

【生活习性】一种体型较大的淡水龟类，常生活于大河流和湖泊等。有资料报道：龟采食各种各样的水果（Pritchard, 1979）。也有报道：幼龟吃鱼（Medem,1983）。繁殖季节从干燥的 12 月开始，每次产卵 7~25 枚左右。卵呈长椭圆形，孵化期 100 天左右。

大头盾龟（Ron de Bruin）

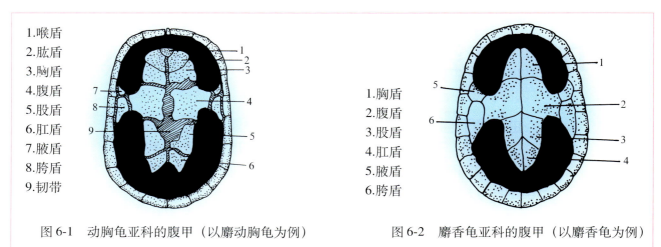

1. 喉盾
2. 肱盾
3. 胸盾
4. 腹盾
5. 股盾
6. 肛盾
7. 腋盾
8. 胯盾
9. 韧带

图 6-1　动胸龟亚科的腹甲（以麝动胸龟为例）

1. 胸盾
2. 腹盾
3. 股盾
4. 肛盾
5. 腋盾
6. 胯盾

图 6-2　麝香龟亚科的腹甲（以麝香龟为例）

动胸龟亚科 Kinosterninae Agassiz，1857

　　本亚科仅1属，即动胸龟属（*Kinosternon*）。主要特征：腹甲上有10～11枚盾片，没有内板。

动胸龟属 *Kinosternon* Spix，1824

　　动胸龟属有18种，分布于美洲。主要特征：背甲呈长椭圆形，中央具1条或3条嵴棱，具颈盾，有11枚缘盾；腹甲较大且宽，仅有1枚喉盾，后半部大于前半部。

麝 动 胸 龟

【拉 丁 名】*Kinosternon odoratum* (Latreille, 1801)

【英 文 名】Common Musk Turtle

【别　　名】密西西比麝香龟、普通动胸龟、蛋龟

【分类地位】动胸龟科、动胸龟亚科、动胸龟属

【分　　布】加拿大、美国等。

【形态特征】背甲黑色，长椭圆形，中央隆起，似半圆形鸡蛋状，前后缘不呈锯齿状。腹甲淡

背甲长7厘米的幼麝动胸龟（李德胜）

60

背甲长 11 厘米的麝动胸龟

棕色较小，胸盾与腹盾间具韧带，腹甲各盾片间缝隙较大，借皮肤连接。头部褐色，较尖，侧面具 2 条淡黄色纵条纹，并延长至颈部，下颌中央具 1 对触角，喉部具针状突起。四肢褐色，指、趾间具蹼。尾褐色且短。

【生活习性】生活于小溪、湖、池塘和沼泽等地。杂食性，鱼、螺、虾、鱼卵、水草和藻类均食。每年 2~8 月为产卵季节，每次产卵 1~9 枚，每年可产 4 次。孵化期 75~80 天。稚龟背甲长 22 毫米。

麝动胸龟的腹面

刚孵出 7 天的麝动胸龟

东方动胸龟

【拉 丁 名】*Kinosternon subrubrum*（Bonnaterre，1789）

【英 文 名】Common Mud Turtle

【别　　名】头盔泽龟、普通泥龟、泥动胸龟

【分类地位】动胸龟科、动胸龟亚科、动胸龟属

【分　　布】美国东部。

【形态特征】背甲棕黑色，呈长椭圆形，中央隆起，似半只鸡蛋，前后缘不呈锯齿状。腹甲棕黑色，前后缘圆滑，胸盾与腹盾间、腹盾与股盾间均具韧带。头部青褐色，头侧面、颈部具淡黄色斑点或条纹。四肢灰褐色，指、趾间具蹼。尾短。

【生活习性】属水栖龟类，生活于池塘、水潭、湖和河等地。杂食性，蜗牛、鱼卵、虾、水草及藻类均食。人工饲养条件下，食瘦猪肉、鱼肉等，少量食苹果、香蕉等。每年 3~7 月为繁殖季节，每次产卵 1~9 枚。卵长径 22~29 毫米，短径 13~18 毫米。孵化期 100 天左右（图6-3）。

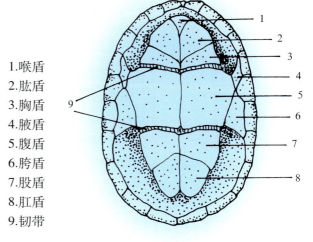

1.喉盾
2.肱盾
3.胸盾
4.腋盾
5.腹盾
6.胯盾
7.股盾
8.肛盾
9.韧带

图6-3　东方动胸龟的腹甲

东方动胸龟的腹面

东方动胸龟

小动胸龟

【拉 丁 名】*Kinosternon minor*（Agassiz, 1857）
【英 文 名】Loggerhead Musk Turtle
【别　　名】麝香动胸龟、巨头麝香龟
【分类地位】动胸龟科、动胸龟亚科、动胸龟属
【分　　布】美国西南部。
【形态特征】背甲淡土黄色，每块盾片上具黑色放射状花纹，背甲呈椭圆形，前后缘不呈锯齿状。腹甲淡黄色，无任何斑纹，各盾片间缝隙较大，以皮肤相连。头部灰白色，较大，布满黑色小斑点；颈部灰白色，具淡褐色条纹或斑纹。四肢灰白色，无褐色斑纹（幼龟具黑色斑纹），指、趾间具蹼。尾短。
【生活习性】属水栖龟类，生活于池塘、水潭、湖和沼泽等地。杂食性，鱼、虾、蜗牛和水草均食，尤喜食贝类。人工饲养条件下，食蚯蚓、鱼肉、瘦猪肉、菜叶和黄瓜等。背甲长6厘米左右的龟已有产卵能力。每年7~10月为繁殖季节，每年能产3次卵，每次产卵2~5枚。卵长径27毫米，短径14毫米，重3.6克。

小动胸龟的腹面上有间喉盾

小动胸龟（喻　强）

沙氏麝香龟

【拉 丁 名】 *Staurotypus salvinii* Gray，1864
【英 文 名】 Pacific Coast Musk Turtle
【别 名】 巨型麝香龟
【分类地位】 动胸龟科、麝香龟亚科、麝香龟属
【分 布】 中美洲。
【形态特征】 背甲棕黄色，具褐色斑点，背甲呈长椭圆形，中央具3条嵴棱。腹甲黄色，具2个韧带区，前半部较后半部长。头部较大，呈淡黄色，具黑色蠕虫状条纹。四肢淡灰色，指、趾间具蹼。尾短。
【生活习性】 属水栖龟类，喜栖息于水流速度缓慢的河流和湖泊等水域。肉食性，以水生动物为食。每年可产数次卵，每次产卵6~10枚，稚龟经80~210天孵化出壳。

沙氏麝香龟的腹面（Michael Nesbit）

沙氏麝香龟（Michael Nesbit）

匣子龟属 *Claudius* Cope，1865

　　本属1种。主要特征：通常没有腋盾和胯盾，若有，很小。甲桥与背甲借韧带组成。腹甲没有韧带（图6-4）。

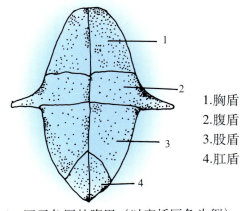

1.胸盾
2.腹盾
3.股盾
4.肛盾

图6-4　匣子龟属的腹甲（以窄桥匣龟为例）

小动胸龟

【拉 丁 名】*Kinosternon minor*（Agassiz，1857）

【英 文 名】Loggerhead Musk Turtle

【别　　名】麝香动胸龟、巨头麝香龟

【分类地位】动胸龟科、动胸龟亚科、动胸龟属

【分　　布】美国西南部。

【形态特征】背甲淡土黄色，每块盾片上具黑色放射状花纹，背甲呈椭圆形，前后缘不呈锯齿状。腹甲淡黄色，无任何斑纹，各盾片间缝隙较大，以皮肤相连。头部灰白色，较大，布满黑色小斑点；颈部灰白色，具淡褐色条纹或斑纹。四肢灰白色，无褐色斑纹（幼龟具黑色斑纹），指、趾间具蹼。尾短。

【生活习性】属水栖龟类，生活于池塘、水潭、湖和沼泽等地。杂食性，鱼、虾、蜗牛和水草均食，尤喜食贝类。人工饲养条件下，食蚯蚓、鱼肉、瘦猪肉、菜叶和黄瓜等。背甲长6厘米左右的龟已有产卵能力。每年7~10月为繁殖季节，每年能产3次卵，每次产卵2~5枚。卵长径27毫米，短径14毫米，重3.6克。

小动胸龟的腹面上有间喉盾

小动胸龟（喻　强）

剃刀动胸龟

【拉 丁 名】*Kinosternon carinatum*（Gray,1855）

【英 文 名】Razor-backed Musk Turtle

【别　　名】屋顶龟、盔香龟

【分类地位】动胸龟科、动胸龟亚科、动胸龟属

【分　　布】美国南部。

【形态特征】背甲长达16厘米左右，椭圆形，中央隆起较高，两侧面如屋顶般陡峭，背甲淡棕色，有黑色斑纹和斑点，椎盾中央有嵴棱。腹甲淡黄色（幼龟），有少量黑斑纹，成龟腹甲深棕黑色，没有间喉盾，有韧带。头部淡棕色，有一些褐色小斑点。四肢淡橄榄色，指、趾间有蹼。尾淡橄榄色，长短适中。

【生活习性】体型较小的一种，背甲长10厘米已具有繁殖能力。栖息于小河、沼泽和溪流等水域。阳光充裕时，喜欢趴在岸坡上"晒壳"。杂食性，水草、蜗牛、昆虫和甲壳类等小动物均食。每年能产2次卵，每年4～6月产卵。卵呈细长椭圆形，8～9月稚龟出壳，稚龟背甲长20～30毫米。

剃刀动胸龟的腹甲上没有间喉盾

出壳2个月的剃刀动胸龟腹面

剃刀动胸龟

出壳 2 个月的剃刀动胸龟

白吻动胸龟

【拉 丁 名】*Kinosternon leucostomum* (Duméril, Bibron and Duméril , 1851)

【英 文 名】White-lipped Mud Turtle

【别　　名】白吻泽龟

【分类地位】动胸龟科、动胸龟亚科、动胸龟属

【分　　布】墨西哥。

【形态特征】背甲黑色或褐色，呈椭圆形，颈盾很窄，前后缘盾不呈锯齿状。腹甲黄色，无任何斑纹，各盾片间连接缝深褐色，头部大小适中，上喙中央钩形，有淡黄色宽条纹自眼眶向后延伸至颈部，下颌部中央有 1 对触角。四肢灰褐色，有大鳞片。尾短。

【生活习性】体型较小龟种之一，通常雄龟背甲长为 17.4 厘米，雌龟背甲长为 15.8 厘米。白吻动胸龟属水栖龟类，喜生活于有较多植物的池塘、水潭、湖和沼泽等地,也生活于海拔较低的森林。食性不详。每次产卵 1~3 枚，卵呈长椭圆形。卵长径 37 毫米左右，短径 20 毫米。在自然界的孵化期为 126~148 天。稚龟背甲长仅 33 毫米。

白吻动胸龟

白吻动胸龟的腹甲上有 2 个韧带

平壳动胸龟

【拉 丁 名】*Kinosternon depressum*（Tinkle and Webb,1955）
【英 文 名】Flattened Musk Turtle
【别　　名】锯齿动胸龟
【分类地位】动胸龟科、动胸龟亚科、动胸龟属
【分　　布】美国。
【形态特征】背甲最长达11厘米左右，背甲淡棕黄色，椭圆形，较宽，中央平坦，腹甲淡黄色，有少量黑色小斑点，喉盾2枚，在胸盾和腹盾间有韧带。头部淡灰色，密布褐色小杂斑。四肢深橄榄色，指、趾间有蹼。尾深橄榄色，长短适中。
【生活习性】生活于清澈的河流和湖泊等水域中。杂食性，捕食蜗牛、水生小动物和水草等。每年6月左右产卵，卵呈长椭圆形。

平壳动胸龟的头部

平壳动胸龟（Ron de Bruin）

麝香龟亚科 Staurotypinae Gray，1869

本亚科有2属，即麝香龟属（*Staurotypus*）和匣子龟属（*Claudius*）。分布于墨西哥南部和中美洲北部。主要特征：腹甲上有7~8枚盾片，有内板。

麝香龟属 *Staurotypus* Wagler，1830

本属2种。主要特征：腋盾和胯盾较大，腹甲后部能活动。

大麝香龟的头部（William Ho）

大麝香龟

【拉 丁 名】*Staurotypus triporcatus*（Wiegmann，1828）

【英 文 名】Mexican Giant Musk Turtle

【别　　名】三弦巨型麝香龟、三脊麝香龟

【分类地位】动胸龟科、麝香龟亚科、麝香龟属

【分　　布】中美洲。

【形态特征】背甲棕红色，长椭圆形，中央具3条明显嵴棱。腹甲黄色，没有喉盾和肱盾。腋盾和胯盾较大。头部较大，褐色，头顶部、侧面、颈背部具白色蠕虫状斑纹，下喙呈钩状。颈腹部淡黄色。四肢灰褐色，具黑色斑点。尾短。

【生活习性】属水栖龟类，栖息于水流速度较慢的河流等水域。肉食性，以水生无脊椎动物、青蛙和鱼类等为食。繁殖季节为9月，每次产卵3~6枚。

大麝香龟（William Ho）

沙氏麝香龟

【拉 丁 名】*Staurotypus salvinii* Gray，1864
【英 文 名】Pacific Coast Musk Turtle
【别 　 名】巨型麝香龟
【分类地位】动胸龟科、麝香龟亚科、麝香龟属
【分 　 布】中美洲。
【形态特征】背甲棕黄色，具褐色斑点，背甲呈长椭圆形，中央具3条嵴棱。腹甲黄色，具2个韧带区，前半部较后半部长。头部较大，呈淡黄色，具黑色蠕虫状条纹。四肢淡灰色，指、趾间具蹼。尾短。
【生活习性】属水栖龟类，喜栖息于水流速度缓慢的河流和湖泊等水域。肉食性，以水生动物为食。每年可产数次卵，每次产卵6~10枚，稚龟经80~210天孵化出壳。

沙氏麝香龟的腹面（Michael Nesbit）

沙氏麝香龟（Michael Nesbit）

匣子龟属 *Claudius* Cope，1865

　　本属1种。主要特征：通常没有腋盾和胯盾，若有，很小。甲桥与背甲借韧带组成。腹甲没有韧带（图6-4）。

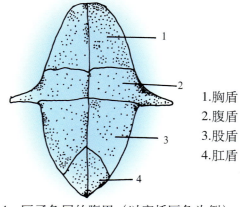

1.胸盾
2.腹盾
3.股盾
4.肛盾

图6-4　匣子龟属的腹甲（以窄桥匣龟为例）

窄桥匣龟

【拉 丁 名】*Claudius angustatus* Cope，1865
【英 文 名】Narrow-bridged Musk Turtle
【别　　名】窄龟、鹰嘴匣龟
【分类地位】动胸龟科、麝香龟亚科、匣子龟属
【分　　布】韦拉可鲁斯、墨西哥、危地马拉、伯利兹城。
【形态特征】背甲褐色，每块椎盾、肋盾布满黑色放射状花纹，缘盾具褐色小斑点。腹甲淡黄色，有8枚盾片，缺少喉盾和肱盾，腹甲前后半部呈三角形。头部褐色，上颌和下颌为淡黄色，具黑色细小斑点，上喙具3个明显角状钩（中央1个，两侧各1个），下喙呈钩状。四肢灰褐色，指、趾间具蹼。尾短。
【生活习性】属水栖龟类，栖息于湖泊、沼泽和河川的浅滩。肉食性，以青蛙、无脊椎动物和鱼类为食。每次产卵2~8枚，孵化期115~150天。

窄桥匣龟上喙中央有3个锋利的钩（Ron de Bruin）

窄桥匣龟的腹面（引自日文版《龟鳖图》）

窄桥匣龟（松坂　实）

（四） 泥龟科 DERMATEMYDIDAE Gray，1870

本科仅1属，即泥龟属。主要特征：背甲宽且扁，腹甲较大，喉盾单枚。甲桥处有1列下缘盾，吻长且微上翘。

泥龟属 *Dermatemys* Gray，1847

本属仅1种，即泥龟（*Dermatemys mawii*）（图6-5）。

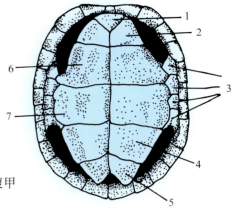

图6-5   泥龟的腹甲

1.喉盾   3.下缘盾   5.肛盾   7.腹盾
2.肱盾   4.股盾   6.胸盾

泥 龟

【拉 丁 名】*Dermatemys mawii* Gray，1847
【英 文 名】Central American River Turtle
【别　　名】中美河龟、尖鼻泽龟
【分类地位】泥龟科、泥龟属
【分　　布】中美洲。
【形态特征】背甲灰褐色，扁圆，中央具嵴，喉盾单枚。腹甲淡黄色，较宽大。头部灰褐色，吻长且向上翘，自鼻孔经上方至颈部有一条浅色条纹，上喙边缘呈细小锯齿状，喙不呈钩状。甲桥处有一列下缘盾。四肢灰色，指、趾间具发达蹼。尾短。
【生活习性】背甲长可达65厘米。属水栖龟类，生活于大河、湖和环礁湖中，除产卵外，很少上岸活动，几乎终身生活于水中。它们多在水下活动，尤其夜间活动更活跃。草食性，喜食水生植物。每年9~11月为产卵期，每次产卵6~20枚不等。卵白色椭圆形，壳坚硬。卵长径57~70毫米，短径30~34毫米。

泥龟（Carl H.Ernst 和 Roger W.Barbour）

（五）｜两爪鳖科 CARETTOCHELYIDAE Boulenger, 1887

两爪鳖科仅1属，即两爪鳖属（Carettochelys）。主要特征：背甲无角质盾片，覆盖柔软皮肤；腹甲骨化完全。吻呈管状；前后肢呈桨状，具2爪。

两爪鳖属 Carettochelys Ramsay, 1886

本属仅1种，即两爪鳖（Carettochelys insculpta）（图6-6）。

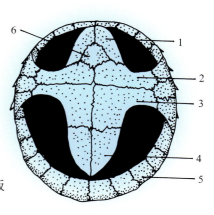

图6-6　两爪鳖腹甲的骨板

1.上板	3.下板	5.缘板
2.舌板	4.剑板	6.内板

两 爪 鳖

【拉 丁 名】*Carettochelys insculpta* Ramsay，1886
【英 文 名】Pig-nose Turtle
【别　　名】猪鼻龟、猪鼻鳖、两爪龟
【分类地位】两爪鳖科、两爪鳖属
【分　　布】新几内亚、澳大利亚。1998年以来，北京和上海等宠物市场上有售。
【形态特征】背甲灰褐色，呈扁圆形，背甲覆盖皮肤，中央具嵴棱。腹甲白色，具坚硬骨板。头部灰褐色，眼睛较大，吻呈管状。前后肢呈桨状，具2爪，前后肢具发达蹼。尾短，有环状鳞片。
【生活习性】属水栖类，生活于溪、河、湖泊或沼泽地。由于两爪鳖的四肢似桨状并具发达的蹼，它能像海产龟、鳖科类成员一样长期生活于深水中。两爪鳖杂食性，吃小鱼、水生昆虫及水生植物，人工饲养下，也食混合饵料。每年9~11月为繁殖季节，每次产卵15~30枚。卵白色，圆球形，卵长径39毫米。

两爪鳖的吻部突出似猪鼻，又名猪鼻龟（李德胜）

两爪鳖的腹面

两爪鳖的尾部有环状鳞片

两爪鳖的前、后肢仅具两爪，故名两爪鳖

（六） 鳄龟科 CHELYDRIDAE Gray , 1831

鳄龟科 2 属，即鳄龟属 (Chelydra) 和大鳄龟属 (Macroclemys)。分布于北美洲和中美洲。主要特征：头较大，呈三角形，上喙钩状；头、四肢、尾均不能缩入壳内；腹甲小。

鳄龟科的属检索

1a.缘盾单行，尾部腹面有 2 行大的鳞片，尾背面有 1 行刺状的硬棘 ....鳄龟属（Chelydra）

1b.在第 5 枚至第 8 枚缘盾上方有上缘盾，尾部腹面有一些细小的鳞片，尾背面有 3 行刺状的硬嵴 .... 大鳄龟属（Macroclemys）

鳄龟属 Chelydra Schweigger , 1812

本属仅 1 种 4 个亚种。主要特征：头三角形，上喙钩状不如大鳄龟锋利；腹甲呈十字形；尾长，具有明显刺状的硬棘（图 6-7、图 6-8）。

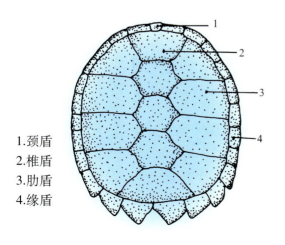

1.颈盾
2.椎盾
3.肋盾
4.缘盾

图 6-7　蛇鳄龟的背甲

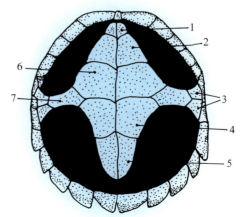

1.喉盾
2.肱盾
3.下缘盾
4.股盾
5.肛盾
6.胸盾
7.腹盾

图 6-8　蛇鳄龟的腹甲

蛇 鳄 龟

【拉 丁 名】*Chelydra serpentina* (Linnaeus , 1758)

【英 文 名】American Snapping Turtle

【别 　 名】鳄龟、鳄鱼龟、小鳄龟、肉龟、美国蛇龟、平背龟、拟鳄龟

【分类地位】鳄龟科、鳄龟属

【分　　布】美国东部、加拿大南部、墨西哥东南部到哥伦比亚及厄瓜多尔。1997 年，我国开始大量引进。

【形态特征】背甲卵圆形，棕褐色，每块盾片具棘状突起，后部边缘呈锯齿状（幼龟明显）。腹甲呈十字形，且较小，黄色（幼龟为黑色，散布白色小斑点）。甲桥宽短。头部棕褐色，呈三角形，上喙钩形，头部不能完全缩入壳内。颈部有棘状刺。四肢灰褐色，具覆瓦状鳞片，指、趾间具发达蹼。尾部较长，覆有鳞片，尾中央具 1 行刺状的硬棘。

【生活习性】属水栖龟类，喜栖于河、塘及湖泊的水草和松软的泥里。在自然界，觅食昆虫、小虾、蟹、水螨、鱼卵、小鱼、蟾蜍、蛇及藻类。人工饲养状态下，食鱼、瘦肉等动物性饵料，也食黄瓜、香蕉等瓜果蔬菜。蛇鳄龟生长速度较其他龟类快，雌、雄蛇鳄龟生长速度因水温不同而有差异。当水温 30℃ 以上时，雌蛇鳄龟生长速度较快；当水温在 22~28℃ 期间时，雄蛇鳄龟生长速度较快。每年 4~10 月为繁殖季节，每次产卵 11~83 枚。卵白色圆球形，直径 23~33 毫米，卵重 7~15 克。孵化期 55~125 天。稚龟重 10 克左右。

蛇鳄龟的腹面

重 3 千克的蛇鳄龟

蛇鳄龟的卵

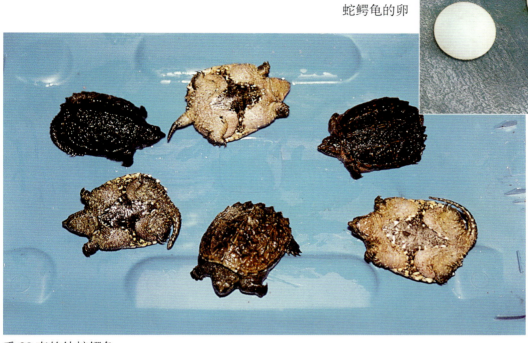

重 20 克的幼蛇鳄龟

大鳄龟属 *Macroclemys* Gray, 1855

　　本属 1 种，即大鳄龟（*Macroclemys temminckii*）。主要特征：背甲每块盾片有山峰状突起；头部不能缩入壳内，上喙钩形，颈部有小的触角。尾较长（图6-9、图6-10）。

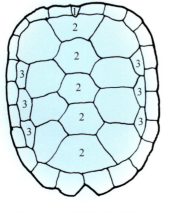

1.颈盾
2.椎盾
3.上缘盾

图 6-9　大鳄龟的背甲

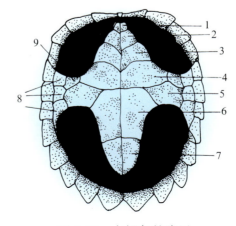

1.喉盾
2.肱盾
3.胸盾
4.腹盾
5.胯盾
6.股盾
7.肛盾
8.下缘盾
9.腋盾

图 6-10　大鳄龟的腹甲

大鳄龟

【拉 丁 名】*Macroclemys temminckii* (Harlan , 1835)

【英 文 名】Alligator Snapping Turtle

【别　　名】大鳄鱼龟、蛇鳄龟、驼峰龟

【分类地位】鳄龟科、大鳄龟属

【分　　布】分布美国中南部。1998 年，我国开始少量引进。

【形态特征】背甲呈卵圆形，棕色，每块盾片有山峰状突起（幼龟不明显），后缘呈锯齿状。腹甲淡棕色，呈十字形。头部呈三角形，不能缩入壳内，上喙钩形，眼睛较小，头部侧面和颈部有小的触角。四肢扁平，指、趾间具蹼。尾棕色，较长，有 3 行刺状硬棘 。

【生活习性】喜生活于水底有水草、泥土的河流、湖泊及深水池塘中。在自然界，捕食鱼、蛙、蛇、蜗牛、蟹、虾及各种水草。人工饲养条件下，食鱼、瘦猪肉、家禽内脏及少量菜叶。每年 2~7 月为繁殖期，每次产卵 8~50 枚。卵白色呈圆球形，具坚硬壳。卵直径 30~51 毫米。孵化期 100~140 天。稚龟背甲长 45 毫米，重 15 克左右。

大鳄龟口内有一条红色似蚯蚓状的触角，当小鱼靠近欲捕食时，龟猛吸一口，将小鱼吞入肚中（黄文山）

重 1 千克的大鳄龟

大鳄龟的腹面

（七）平胸龟科 PLATYSTERNIDAE Gray,1869

本科1属，即平胸龟属（*Platysternon*）。主要特征：头大，呈三角形，头部覆盖大块角质盾片，具下缘盾，尾长，不能缩入壳内（图6-11、图6-12）。

平胸龟属 *Platysternon* Gray，1831

本属1种4个亚种，中国平胸龟系指名亚种。

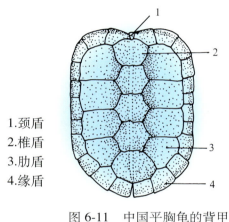

1.颈盾
2.椎盾
3.肋盾
4.缘盾

图 6-11　中国平胸龟的背甲

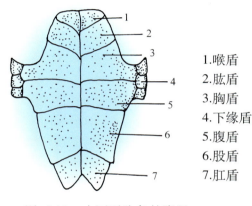

1.喉盾
2.肱盾
3.胸盾
4.下缘盾
5.腹盾
6.股盾
7.肛盾

图 6-12　中国平胸龟的腹甲

中国平胸龟

【拉 丁 名】*Platysternon megacephalum megacephalum* Gray，1831
【英 文 名】Chinese Big-headed Turtle
【别　　 名】鹰嘴龟、大头龟、鹰嘴龙尾龟、三不像、鹦鹉龟
【分类地位】平胸龟科、平胸龟属
【分　　 布】中国分布于安徽、福建、广东、广西、云南、贵州、重庆、江苏、湖南、江西、浙江、海南、香港。
【形态特征】背甲棕黑色，椎盾有放射状黑纹，长椭圆形，背甲扁平，前缘中部凹入，后缘不呈锯齿状。腹甲橄榄绿色，近似长方形，颈盾极短但较宽，具有下缘盾。头部棕黑色，较大，呈三角形，不能缩入壳内，上喙钩形，似鹰嘴状。颈部棕黑色，较短。四肢棕色，具有鳞片，指、趾间具蹼，前肢5爪，后肢4爪。尾长，具环状排列的长方形鳞片。
【生活习性】性情凶猛，能攀岩爬树。喜栖于树叶、草丛及石洞中。喜食动物性饵料，尤喜食活物，如幼金鱼、蚯蚓、蜗牛和蠕虫等。每年6~9月为产卵季节，每次产卵1~3枚。卵较小，为椭圆形，卵长径31~35毫米，短径19~20毫米。卵重10~11克（陈自勉等，1994）。
　　平胸龟属的种类系亚洲特产，是较古老、原始的龟类。平胸龟虽被发现100多年，仅见少量人工繁殖。

中国平胸龟

中国平胸龟的腹面

泰国平胸龟

【拉 丁 名】*Platysternon megacephalum vogeli* Wermuth，1969
【英 文 名】Thailand Big-headed Turtle
【别　　名】鹰嘴龟、大头龟、鹰嘴龙尾龟、三不像、大头龟、鹦鹉龟
【分类地位】平胸龟科、平胸龟属
【分　　布】泰国。
【形态特征】背甲棕色，长椭圆形，扁平，前缘中部凹入，颈盾极短但较宽，后缘不呈锯齿状。腹甲棕黄色，中央具棕绿色斑纹，腹甲近似长方形，具有下缘盾。头部棕色，较大，呈三角形，不能缩入壳内，上喙钩形，似鹰嘴状，头侧部有深棕色条纹。颈部淡棕色，较短。四肢棕色，具有鳞片，指、趾间具蹼，前肢5爪，后肢4爪。尾长，具环状排列的长方形鳞片。

泰国平胸龟的腹面

泰国平胸龟

越南平胸龟

【拉 丁 名】*Platysternon megacephalum shiui* Ernst and McCord，1987
【英 文 名】Vietnam Big-headed Turtle
【别　　名】鹰嘴龟、大头龟、鹰嘴龙尾龟、三不像、大头龟、鹦鹉龟
【分类地位】平胸龟科、平胸龟属
【分　　布】越南。
【形态特征】背甲棕黑色，有淡黄色细小斑点，背甲长椭圆形，扁平，前缘中部凹入，颈盾极短但较宽，后缘不呈锯齿状。腹甲棕褐色，中央具淡棕色细小斑点，腹甲近似长方形，具有下缘盾。头部深棕色，顶部和侧部具淡黄色细小斑点。头部较大，呈三角形，不能缩入壳内，上喙钩形，呈鹰嘴状，头侧部有深棕色条纹。颈部淡棕色，较短。四肢深棕色，有淡黄色细小斑点，具有鳞片，指、趾间具蹼，前肢5爪，后肢4爪。尾长，具环状排列的长方形鳞片。

越南平胸龟的腹面

越南平胸龟（侯　勉）

绿海龟

【拉 丁 名】*Chelonia mydas* (Linnaeus，1758)
【英 文 名】Common Green Turtle
【别 名】石龟、黑龟、菜龟
【分类地位】海龟科、海龟属
【分 布】广泛分布于南、北纬30°或40°之海域中。
中国分布于山东、浙江、福建、台湾、广东、广西、
海南、香港、江苏沿海；为我国二级保护动物。
【形态特征】绿海龟背甲为卵圆形，棕红色，幼龟背

绿海龟（陈鸿鸣）

甲有橘黄与棕色镶嵌的花纹。腹甲淡黄色（幼龟为白色）。头部具1对前额鳞，上喙不呈鹰嘴状。四肢呈桨状。
【生活习性】绿海龟的脂肪为绿色，故名，它是海产龟类中数量最多的一种。体型较大，体重可达200千克。
主食大型海藻或海草。饲养环境改变时，也食各种鱼类、头足类、甲壳类等动物。幼龟以浮游性动、植物
为食。海龟并非每年都交配产卵，平均要2~5年才能再次交配产卵。产卵时间因地点不同而有差异，如在
南沙，整年均可产卵，每次少则50枚，多则400枚。卵白色圆球形，外壳似羊皮，具有弹性。卵直径41~44
毫米，卵重41.1~51克，孵化期44~70天。稚龟体重22克，背甲长46.5毫米（程一骏，1997）。

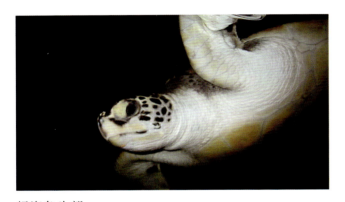

绿海龟头部

背甲长22厘米的绿海龟

惠东港口海龟国家级自然保护区人工暂
养的1龄绿海龟（古河祥）

幼绿海龟腹面颜色为乳白色　　　　　　　随着绿海龟长大，腹面颜色变为淡黄色

蠵龟属 *Caretta* Rafinesque，1814

本属1种。主要特征：下颌每侧喙后有3~7枚下颌鳞。背甲上每侧有5枚或更多的肋盾，颈盾与第1枚肋盾相连；甲桥处有3枚下缘盾，没有小孔（图6-18）。

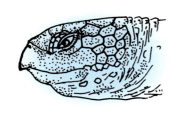
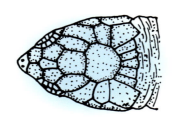
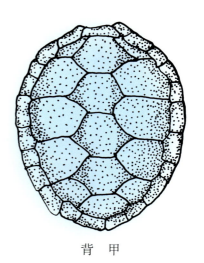

头侧视　　　　　　　　　头背视　　　　　　　　背　甲

图6-18　蠵龟属的头部和背甲（以蠵龟为例）

蠵　龟

【拉 丁 名】*Caretta caretta*（Linnaeus,1758）
【英 文 名】Loggerhead Turtle
【别　　名】红海龟、赤蠵龟、灵龟
【分类地位】海龟科、蠵龟属
【分　　布】太平洋、印度洋、大西洋等热带海域。中国分布于福建、广东、广西、海南、河北、江苏、辽宁、山东、台湾、浙江沿海；为我国二级保护动物。

蠵龟的头部

【形态特征】背甲棕色，有深绛色斑点或条纹，背甲卵圆形，后部边缘不呈锯齿状。腹甲黄色，中部沿纵轴凹入，有3枚下缘盾，腋盾多枚，无胯盾。头顶部绛红色，具有对称大鳞片，吻突出，上、下喙呈钩状，喙缘无锯齿。四肢呈桨状，具大小不一的鳞片，指、趾端具2爪。尾短。

【生活习性】蠵龟的成体可达200千克，背甲长120厘米，它们喜栖岩石海岸区域。在海产龟类中，除棱皮龟外，蠵龟最耐寒。杂食性，常在珊瑚礁区或古沉船处啃食海藻；也食海绵、螃蟹、乌贼、蚌类及贝类。蠵龟是惟一能在温带沙滩上产卵的海产龟。每年3～4月，雌龟爬到沙滩上产卵。每次产卵64~200枚，孵化期49~71天。稚龟需12~30年方能成熟（程一骏，1997）。

蠵龟的卵

重100千克左右的蠵龟（喻　强）

丽龟属 *Lepidochelys* Fitzinger，1843

　　本属2种。主要特征：上喙略呈钩形，下颌每侧喙后有1枚下颌鳞。背甲盾片较薄，每侧有5枚或更多的肋盾，颈盾与第1枚肋盾相连。甲桥处有4枚下缘盾，各下缘盾后缘有一小孔。背甲后部呈锯齿状（图6-19）。

头侧视

头背视

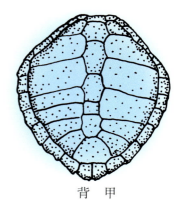
背甲

图 6-19　丽龟属的头部和背甲（以丽龟为例）

丽　龟

【拉 丁 名】*Lepidochelys olivacea* (Eschscholtz，1829)

【英 文 名】Olive Ridley Turtle

【别　　名】太平洋丽龟、姬赖利海龟、榄蠵龟

【分类地位】海龟科、丽龟属

【分　　布】太平洋、印度洋、加勒比海等热带海域。中国分布于海南、广西、广东、福建、台湾、浙江、江苏等沿海地区；为我国二级保护动物。

【形态特征】背甲橄榄色，呈心形，背甲后部边缘呈锯齿状。腹甲黄色。头顶部有对称的大鳞片，前额鳞2对，喙略呈钩形。四肢桨状，有大的鳞片，指、趾间具2爪。尾短。

丽龟（陈鸿鸣）

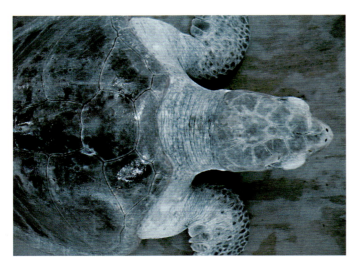

丽龟头部（古河祥）

【生活习性】体型较小，成龟体长 62~72 厘米，体重仅 100 千克左右。虽属小型海龟，但它却是海产龟中较凶猛的一种。属肉食性动物，喜食鱼、水母等软体动物及甲壳类。丽龟经常上岸产卵，但以春、夏季较多。白天可见雌龟成群上岸产卵，每次产卵 30~168 枚，孵化期 49~62 天。稚龟需 12~30 年才能成熟(程一骏，1997)。

丽龟的腹面（古河祥）

玳瑁属 *Eretmochelys* Fitzinger，1843

　　本属 1 种 2 个亚种。主要特征：头背部有 2 对前额鳞，喙呈鹰嘴状，背甲肋盾、椎盾呈覆瓦状排列，每侧有 4 枚肋盾，颈盾与第 1 枚肋盾不相连（图 6-20）。

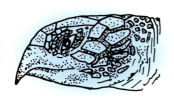
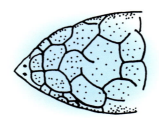
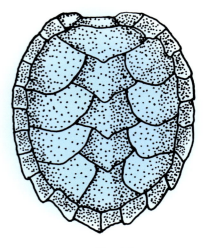

头侧视　　　　　　　　　　头背视　　　　　　　　　　背甲

图 6-20　玳瑁属的头部和背甲（以玳瑁为例）

玳 瑁

【拉 丁 名】*Eretmochelys imbricata* (Linnaeus , 1766)

【英 文 名】Hawksbill Turtle

【别　　名】十三鳞、文甲

【分类地位】海龟科、玳瑁属

【分　　布】太平洋、印度洋、大西洋等热带海域。中国分布于广东、广西、福建、台湾、浙江、江苏、山东等地；为我国二级保护动物。

【形态特征】背甲棕色，散布放射状条纹，背甲为心形，与其他海产龟类所不同的是玳瑁背甲上除缘盾外的盾片均呈覆瓦状排列，背甲后部呈锯齿状。腹甲黄色，前缘圆，后半部较小，下缘盾 4 对，腋盾多枚，胯盾 1 枚，腹甲中央有一纵沟。头部棕色，有对称光滑鳞片，前额鳞 2 对，吻较长，喙呈鹰嘴状。四肢桨状，具大小不一的鳞片，指、趾端各具 2 爪。尾短。

【生活习性】成体长 75~85 厘米，体重可达 80 千克。主要在珊瑚礁区活动，食物以礁石中的动、植物为主，如海绵、水母、螃蟹、鱼、虾和软体动物。玳瑁每 3 年才产 1 次卵。产卵期在每年的 4~8 月间，雌龟于夜晚单独在人烟稀少的沙滩上产卵。每次产卵 130~200 枚。孵化期约为 2 个月（程一骏，1997）。

　　玳瑁的食物中可能含有剧毒，台湾新竹县沿海曾发生过吃玳瑁肉导致中毒而死的病例（程一骏，1997）。

玳瑁（陈鸿鸣）

（九）棱皮龟科 DERMOCHELYIDAE Fitzinger，1843

本科仅1属，即棱皮龟属。主要特征：背甲没有角质盾片，覆盖革质皮肤，具7条纵嵴，由前缘向后缘延伸于背甲末端处集中；上喙具较大锯齿，头背部无鳞片；四肢桨状，无爪（图6-21）。

棱皮龟属 *Dermochelys* Blainville，1816

本属仅1种，即棱皮龟（*Dermochelys coriacea*）。

 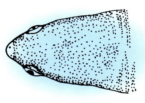 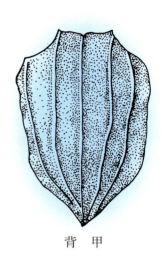

头侧视　　　　　　头背视　　　　　　背甲

图6-21　棱皮龟属的头部和背甲

棱 皮 龟

【拉 丁 名】*Dermochelys coriacea*（Vandelli，1761）
【英 文 名】Leatherback Turtle
【别　　名】七棱龟、杨桃龟、木瓜龟
【分类地位】棱皮龟科、棱皮龟属
【分　　布】从赤道到南北纬65°的海域均有之。中国分布于广东、广西、福建、台湾、浙江、江苏、山东、河北、辽宁等海域；为我国二级保护动物。
【形态特征】背甲黑色，呈心形；背甲覆盖革质皮肤，具7条纵嵴，由前缘向后缘延伸于背甲末端处集中，使后部呈尖形。腹甲褐色。头部、颈部均为黑色，上喙有较大锯齿。四肢桨状，无爪，前肢较后肢长，约为后肢的2倍。尾短。
【生活习性】因背甲具5~7条明显的纵嵴棱，故又名七棱龟。它是所有海产龟类中惟一不具盾片的种类。其体型较大，体重可达150~250千克，是海产龟类中最大的种类。它们以水母为主食，也食虾、蟹、软体动物、小鱼及海藻。每年5、6月产卵，每次90~150枚。卵白色圆球形，具韧性，有革质羊皮状的外壳。卵径50~54毫米，孵化期65~70天。幼龟需30年才达性成熟（程一骏，1997）。

棱皮龟

刚出壳的棱皮龟

大头乌龟

【拉 丁 名】*Chinemys megalocephala* Fang ,1934
【英 文 名】Chinese Big-headed Pond Turtle
【别　　名】大头龟
【分类地位】淡水龟科、乌龟属
【分　　布】中国分布于安徽、江苏、湖北、广西。
【形态特征】背甲黑色或棕色，呈椭圆形，中央隆起，有3条明显嵴棱，盾片近似平滑，颈盾小且长，第一枚椎盾前宽后窄。腹甲黑棕色，平坦，前缘平切，后缘缺刻。甲桥明显，腋盾较胯盾小。头部橄榄色，头侧有黄绿色蠕虫状条纹，眼后至颈侧上方具黄绿色纵纹。

大头乌龟的腹面

【生活习性】生态习性不详。人工饲养条件下，吃肉、鱼、虾和米饭等食物。一只重2.1千克的大头乌龟，于1999年8月3日产卵9枚。卵长径31.2~38.8毫米，短径21.1~22.1毫米。卵重10.7~11.6克。

　　大头乌龟系1934年方炳文先生依据南京标本命名。Iverson、Ernst、Gotte 和 Lovich(1989)对大头乌龟有效性提出质疑，认为大头乌龟是乌龟在局部地区适应摄食底栖软体动物而形成头部较大的变异个体。但宗愉与马积藩（1985）从外部形态与骨骼特征比较了乌龟属3种，认为3种都是有效种。郭超文（1997）从染色体组型与NORs比较了乌龟和大头乌龟，指出存在明显差异，认为大头乌龟是有效种。

大头乌龟的头部

大头乌龟

黑颈乌龟

【拉 丁 名】*Chinemys nigricans*（Gray，1834）
【英 文 名】Chinese Black-necked Pond Turtle
【别　　　名】广东乌龟、广东草龟
【分类地位】淡水龟科、乌龟属
【分　　　布】中国分布于广东、广西。国外分布于越南。
【形态特征】背甲黑色，椭圆形，中央隆起，具一条嵴棱，颈盾近似三角形，前后缘不呈锯齿状。腹甲土黄色，具有黑色斑点。头部黑色，较大，眼后具黄绿色蠕虫状花纹，颈部具黄绿色纵条纹，上喙不呈钩状。四肢灰褐色，扁平，指、趾间具蹼。尾短。
【生活习性】有关黑颈乌龟的野外生态习性不详。人工饲养条件下，食瘦猪肉、虾、家禽内脏及少量菜叶。2003年8月，广东省佛山市养龟专业户欧灶流成功繁殖出32只小龟，这是国内首次。据他介绍，成龟有35只，5~6月产卵，每次8~9枚，最多有12枚，卵白色，长椭圆形。3枚没有孵化成功的卵，平均长径为46.2毫米，平均短径24.1毫米，卵平均重8.4克。温度30℃时，孵化期60~65天。稚龟背甲长43毫米。

雌性黑颈乌龟（赵尔宓）

雄性黑颈乌龟

黑颈乌龟的腹面（赵尔宓）

雄性黑颈乌龟的下颌部有红色斑纹

95

出壳 20 天的黑颈乌龟

盒龟属 *Cistoclemmys* Gray，1863

　　本属 2 种，即黄缘盒龟（*Cistoclemmys flavomarginata*）、黄额盒龟（*Cistoclemmys galbinifrons*）。主要特征：背甲圆形，中央隆起较高。腹甲后缘圆滑且无缺刻。背甲与腹甲间、胸盾与腹盾间均以韧带相连（图6-23）。盒龟属和闭壳龟属外部形态特征主要区别见表6-1。

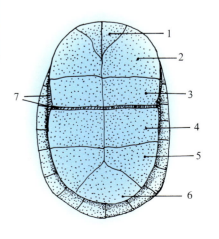

1.喉盾
2.肱盾
3.胸盾
4.腹盾
5.股盾
6.肛盾
7.韧带

图 6-23　盒龟属的腹甲

表 6-1　盒龟属和闭壳龟属外部形态特征主要区别

(傅金钟，1993)

项目	闭壳龟属	盒龟属
背甲	背甲较扁平，背甲宽与高之比大于 1.5，背甲具 3 条嵴棱	背甲较隆起，背甲宽与高之比为 1~1.5，背甲具 1 条嵴棱
腹甲	末端具缺刻，肛盾 2 枚	末端圆，肛盾 1 枚
颞弓	头骨具完整颞弓	头骨颞弓不完整

黄缘盒龟

【拉 丁 名】*Cistoclemmys flavomarginata* Gray,1863
【英 文 名】Yellow-margined Box Turtle
【别　　名】断板龟、夹蛇龟、夹板龟、黄板龟、食蛇龟
【分类地位】淡水龟科、盒龟属
【分　　布】中国分布于安徽、江苏、浙江、广西、广东、福建等地。国外分布于日本。
【形态特征】背甲呈圆形，中央高隆，绛红色，中央具淡黄色嵴棱，每块盾片上均有细密同心圆纹，背甲缘盾腹面为黄色，故名。腹甲黑色，无斑点。背甲与腹甲间借韧带相连。头顶淡橄榄色，眼眶上有一条金黄色条纹，由细变粗延伸至颈部，左右条纹在头顶部相遇后连接形成 U 形条纹，侧面淡黄色，下颌淡黄色或橘红色，上喙钩形。四肢黑褐色，有较大鳞片，指、趾间具半蹼。尾褐色且短。
【生活习性】因其背甲缘盾腹部黄色，故名。在自然界中，黄缘盒龟栖息于丘陵山区丛林、灌木之中的阴暗地，且距溪谷不远。因其指、趾间仅具半蹼，故不能长时间生活于深水中。食性杂，昆虫、蚯蚓、幼蛇、壁虎及菜叶、苹果、米饭等皆吃。黄缘盒龟寿命可达 40~60 年。每年 4~10 月底为交配期。5~9 月为产卵期，每次产卵 2~4 枚，可分批产卵。卵长椭圆形，卵长径 40~46 毫米，短径 20~26 毫米，重 8.5~18.6 克（陈壁辉等，1979）。此种龟有吃卵的现象。

黄缘盒龟

雄性黄缘盒龟的尾较粗

重 15 克左右的黄缘盒龟

黄额盒龟

【拉 丁 名】*Cistoclemmys galbinifrons* Bourret,1939
【英 文 名】Indochinese Box Turtle
【别　　名】海南闭壳龟
【分类地位】淡水龟科、盒龟属
【分　　布】越南北部及中部。中国广西南部和海南。
【形态特征】背甲圆形，中央隆起较高，淡黄色，布满黑色或棕色规则花纹，以中央嵴棱为界限，两边花纹对称；背甲后缘不呈锯齿状。腹甲平坦，黑色，也有一部分个体的腹甲呈淡黄色，每块盾片上有圆形黑色斑点。背甲与腹甲间借韧带相连，且能闭合。头部较宽，顶部淡黄色，吻钝，上喙无锯齿。四肢灰色，上有黄色杂斑点，指、趾间具半蹼。尾黑色且短。
【生活习性】生活于山区溪流中，6月9日和6月11日分别产卵1枚，卵长径58.5~61毫米，短径31.5~31毫米（张孟闻等，1998）。
　　据Ron de Bruin 2002 年报道，人工饲养条件下，夏季适宜温度在23～30℃之间，冬季适宜温度在13～

越南黄额盒龟

即将出壳的稚龟（Ron de Bruin）

16℃。杂食性，食蟋蟀、草莓、香蕉等。每年产 1～2 次卵，每次 2～3 枚。2～6 月间均有产卵现象。卵白色，椭圆形，9 枚卵的平均长径为 59.4 毫米，短径为 27.9 毫米，平均重 26.3 克。当温度 28℃时，孵化期 65～77 天。

　　一些学者将黄额盒龟分为 4 个亚种，但仍有人提出一些疑问。

稚龟（Ron de Bruin）

稚龟的腹面（Ron de Bruin）

越南黄额盒龟的腹面

锯齿黄额盒龟

锯齿黄额盒龟的腹面

海南黄额盒龟

海南黄额盒龟的腹面

闭壳龟属 *Cuora* Gray，1855

　　从现有的化石记录来看，早在1 000万年前，闭壳龟类便已在我国生息繁衍。闭壳龟属现存7种，主要分布于亚洲南部。主要特征：腹甲与背甲间借韧带相连，无甲桥，腹甲上的舌板与下板间（也可说胸盾与腹盾间）借韧带相连，似铰链，使前后两叶能活动，并能与背甲完全闭合。龟死亡后，韧带腐烂，铰链失去作用，腹甲的前后叶断开，背甲与腹甲自行分开。生活时，前后叶可打开，伸出头、四肢和尾部。一旦遇惊吓或敌害时，头、尾和四肢又可缩入壳内，背甲与腹甲关闭，形成盒状，使敌害无法侵犯(图6-24)。

　　闭壳龟类仅产于亚洲，又有"亚洲盒龟"之称和"亚洲特产"之美誉。

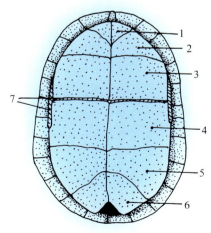

图6-24　闭壳龟属的腹甲

1.喉盾　3.胸盾　5.股盾　7.韧带
2.肱盾　4.腹盾　6.肛盾

闭壳龟属的种检索

1a. 腹甲后缘无明显缺刻或微缺刻，背甲隆起 7

1b. 腹甲后缘有明显缺刻，背甲略隆起 2

2a. 背甲有 3 条黑色纵条纹 ....三线闭壳龟（*Cuora trifasciata*）

2b. 背甲无黑色纵条纹 3

3a. 下颌部具黑白斑纹，腹甲浅褐色，头部侧面具 2 条淡颜色细条纹通过眼窝，盾沟呈黑色细纹
....云南闭壳龟（*Cuora yunnanensis*）

3b. 下颌部无黑白斑纹，腹甲黄色并具大量黑色斑纹 4

4a. 腹甲以黑褐色为主 5

4b. 腹甲沿盾沟有显著黑褐色斑纹 6

5a. 腹甲中央黑褐色，边缘处有若干黄色 ....百色闭壳龟（*Cuora mccordi*）

5b. 腹甲黑褐色，中央具大块黄色斑 ....周氏闭壳龟（*Cuora zhoui*）

6a. 腹甲沿盾沟的黑褐色斑连续而不间断 ....潘氏闭壳龟（*Cuora pani*）

6b. 腹甲沿盾沟的黑褐色斑常间断 ....金头闭壳龟（*Cuora aurocapitata*）

7a. 头部具 3 条黄色纵条纹，1 条位于头顶部，呈 V 形，延伸至枕部；一条自吻部发出，过眼
睛；1 条自嘴部发出，过鼓膜；2 条黄色条纹均延伸至颈部 .... 安布闭壳龟（*Cuora amboinensis*）

三线闭壳龟的腹面

安布闭壳龟的腹面

百色闭壳龟的腹面

金头闭壳龟的腹面

潘氏闭壳龟的腹面

周氏闭壳龟的腹面

云南闭壳龟的腹面

三线闭壳龟

【拉 丁 名】*Cuora trifasciata*（Bell,1825）
【英 文 名】Chinese Three-striped Box Turtle
【别　　名】红边龟、红肚龟、断板龟、金钱龟
【分类地位】淡水龟科、闭壳龟属
【分　　布】中国分布于广东、广西、福建、海南、香港、澳门；为我国二级保护动物。国外分布于越南北部。
【形态特征】背甲棕红色，具3条黑色条纹（幼龟无），中央一条较长，两侧较短，似川字，背甲长椭圆形，背甲前后缘光滑不呈锯齿状。腹甲黑色，边缘有少量黄色。背甲与腹甲间、胸盾与腹盾间均借韧带相连，龟壳可完全闭合。头较细长，头背部蜡黄，顶部光滑无鳞，吻钝，上喙略呈钩形，喉部、颈部浅橘红色，头侧眼后有褐色菱形斑块。腋部、胯部橘红色，四肢背部淡黑褐色，腹部浅橘红色，指、趾间具蹼。尾灰褐色，较短。

三线闭壳龟背甲上的3条黑色纵纹是其特有标记

因产地不同，三线闭壳龟的腹甲斑纹有一定差异

三线闭壳龟的腹面

【生活习性】三线闭壳龟于1825年被科学工作者发现。因其背甲上具3条黑色条纹，故得名。三线闭壳龟喜生活于溪水地带。杂食性，主要捕食螺、鱼、虾和蝌蚪等，也食幼鼠、金龟子、蜗牛及蝇蛆。每年4~10月为繁殖季节，5~9月为产卵季节，一年可产1~2次卵，每窝产卵1~7枚。卵长椭圆形，卵长径40~55毫米，短径24~33毫米。卵重18~35克。孵化期67~90天。稚龟重13~28克。

三线闭壳龟的产地不同，头部颜色、腹甲花纹存在差异。在民间，人们将它们分为越南产三线闭壳龟和海南产三线闭壳龟。是否是一亚种，有待进一步研究。

1月龄的三线闭壳龟

安布闭壳龟

【拉 丁 名】*Cuora amboinensis*（Daudin，1802）
【英 文 名】Malayan Box Turtle，Southeast Asian Box Turtle
【别　　名】驼背龟、越南龟、马来闭壳龟
【分类地位】淡水龟科、闭壳龟属
【分　　布】孟加拉国、缅甸、泰国、柬埔寨、越南、马来西亚、印度尼西亚、印度东部。
【形态特征】背甲通体黑色，中央隆起较高。腹甲淡黄色，每块盾片上具黑色圆形斑点或不规则黑点。腹甲与背甲能完全闭合。头部橄榄色，顶部具黄色细条纹，且延伸至后部，头侧具数条黄色条纹。四肢背部黑褐色，腹部淡黄色，指、趾间具蹼。尾适中。
【生活习性】栖息于沼泽地、低洼地、水潭和山涧溪流处。杂食性，茎叶、小鱼、蜗牛和昆虫均食。个体重1 000克左右可产卵。产卵季节为4~6月，每窝有3~4枚。卵长径46~57毫米，短径35~37毫米。卵重25~29克。但冬季加温饲养的龟也能于7月和1月产卵，卵重15.1~24克，长径43.2~50.8毫米，短径23.1~29.2毫米。

安布闭壳龟

雄性安布闭壳龟腹甲的后半部凹陷（左为前，右为后）　　雌性安布闭壳龟腹甲的后半部平坦（右为前，左为后）

金头闭壳龟

【拉　丁　名】*Cuora aurocapitata* Luo and Zong，1988

【英　文　名】Golden-headed Box Turtle

【别　　　名】金龟、金头龟

【分类地位】淡水龟科、闭壳龟属

【分　　　布】国内分布于安徽。国外无。

【形态特征】背甲绛褐色，椭圆形，顶部中央嵴棱明显，背甲前部和后部边缘不呈锯齿状。腹甲黄色，每块盾片上有对称的黑色斑块。背甲与腹甲间、胸盾与腹盾间借韧带相连。头部较长，头顶部呈金黄色，眼较大，上喙略钩曲。喉部、颈部、腹部呈黄色。四肢背部为灰褐色，腹部为金黄色，指、趾间具蹼。尾灰褐色，较短。

人工孵化的金头闭壳龟幼龟腹面

【生活习性】系1988年由罗碧涛、宗愉发现并命名，因其头部呈金黄色，故名。金头闭壳龟生活于丘陵地带的山沟溪流或水质较清澈的山区池塘内。人工饲养状态下，常潜于深水区域，喜躲藏在水底石块缝隙中。喜食动物性饵料，瘦猪肉、蚯蚓、蝗虫和蜗牛等均食，鸭血和鱼肠也少量食。产卵期7~8月，每次产卵1~4枚，可分批产卵。卵呈长卵圆形，卵长径35.8~46毫米，短径19.5~20毫米。卵重7.8~15.4克。

金头闭壳龟

约10年的金头闭壳龟腹面

腹甲斑纹差异较大

约15年以上的金头闭壳龟腹面

约20～30年以上的金头闭壳龟腹面

人工饲养的金头闭壳龟

百色闭壳龟

【拉 丁 名】*Cuora mccordi* Ernst,1988

【英 文 名】McCord's Box Turtle

【别　　名】麦氏闭壳龟

【分类地位】淡水龟科、闭壳龟属

【分　　布】国内分布于广西。国外无。

【形态特征】背甲淡棕色，椭圆形，中央隆起，前后缘不呈锯齿状。腹甲黄色，有一明显大黑斑，喉盾为黑色，腹甲前缘圆，后部边缘有缺刻。背甲与腹甲间、胸盾与腹盾间借韧带相连。头顶绿色，头较窄，侧部黄色，自鼻孔通过眼眶有一条黄色且嵌有深色的条纹，至头部末端停止，上喙无钩曲也无缺刻。四肢为棕色和橘黄色，指、趾间具蹼。尾短且为淡橘黄色。

William P. McCord 孵化的百色闭壳龟
（William P. McCord）

【生活习性】系 1988 年 8 月由 C. H. Ernst 依据从广西百色市以西、靠近云南边界地所购标本而命名，因其产地在广西的百色地区，故名。有关百色闭壳龟的生活和繁殖习性等资料尚未见报道。据William P. McCord 介绍，百色闭壳龟每次产卵 1~3 枚，通常 1~2 枚，他已人工孵化出 50 个稚龟。

百色闭壳龟（陆　伟）

百色闭壳龟的腹面（林　颖）

William P. McCord 饲养的百色闭壳龟
（William P. McCord）

William P. McCord 和他的百色闭壳龟
（William P. McCord）

云南闭壳龟

【拉 丁 名】*Cuora yunnanensis* (Boulenger, 1906)

【英 文 名】Yunnan Box Turtle

【别 名】无

【分类地位】淡水龟科、闭壳龟属

【分 布】中国云南；为我国二级保护动物。国外无。

【形态特征】背甲淡棕橄榄色，呈卵圆形，嵴棱明显，背甲前后缘不呈锯齿状。腹甲棕橄榄色，腹甲前缘圆，后缘缺刻。背甲与腹甲间、胸盾与腹盾间都借韧带相连。头部棕橄榄色，眼后有黄色纵纹，经过鼓膜上下方向，延伸至颈部。四肢略扁，前肢的前缘有一条黄纹，指、趾间具蹼及爪。尾短。

【生活习性】系1906年科学工作者以云南标本命名。有关云南闭壳龟的生活习性、繁殖习性尚未见报道。仅知云南闭壳龟生活于高海拔的高原地区。模式标本产于云南昆明及东川。

云南闭壳龟的头部（Ron de Bruin）

保存于维也纳自然历史博物馆的 2 只云南闭壳龟（Torsten Blanck）

保存于英国自然历史博物馆的云南闭壳龟（William P. McCord 提供）

眼斑龟属 *Sacalia* Gray, 1870

*Sacalia*属中文名为眼斑水龟属（傅金钟，1993）和眼斑龟属（赵尔宓，1997），本书采用眼斑龟属作为*Sacalia*的中文属名。本属3种。主要特征：头顶部具1~2对眼斑。

眼斑龟属的种检索

1a. 头背部眼斑中央无明显"眼点"；腹甲基本上黑色，背甲具微弱3条嵴棱；腹甲肱盾沟长度小于胸盾沟长度的45%，股盾沟的长度小于腹甲后叶前端宽度的28% .... 拟眼斑龟（*Sacalia pseudocellata*）

1b. 头背部眼斑中央具明显的黑"眼点"，腹甲具小的黑斑点，条纹或呈虫纹状，背甲无嵴棱，肱盾沟长度大于胸盾沟的45%，股盾沟的长度大于腹甲后叶前端宽度的28% 2

2a. 头背的前端密布黑点，头部前面一对眼斑远不如后一对的明显，胸盾沟长度大于背甲最大宽度的25% .... 眼斑龟（*Sacalia bealei*）

2b. 头部背面一色，无密布黑点，前后两对眼斑几乎同样明显，胸盾沟长度小于背甲最大宽度的25% .... 四眼斑龟（*Sacalia quadriocellata*）

四眼斑龟（雌性）

拟眼斑龟（William P. McCord）

眼 斑 龟

眼斑龟

【拉 丁 名】*Sacalia bealei* （Gray,1831）

【英 文 名】Eye-spotted Turtle

【别　　名】眼斑水龟

【分类地位】淡水龟科、眼斑龟属

【分　　布】国外尚未见报道。中国分布于广东、福建、广西、贵州、海南、香港、江西、安徽。

【形态特征】背甲棕红色或棕色，密布黑色细小斑点或斑纹；背甲呈椭圆形，光滑，中央无嵴棱，后缘不呈锯齿状。腹甲淡黄色，具黑色斑点或斑纹。头顶有2对眼斑，且密布黑色虫纹或黑点；颈部具数条粗细不一的黄色（雄性为红色）条纹。四肢背部灰褐色，腹部黄色，指、趾间具蹼。尾短。

【生活习性】属水栖龟类，生活于溪流、小河等地。杂食性。人工饲养条件下，喜食小鱼、虾和昆虫，也食人工混合饵料。有关眼斑龟的繁殖习性尚未见报道。

雄性眼斑龟的颈部条纹为红色

雌性眼斑龟的颈部条纹为黄色

雄性眼斑龟的腹面

雌性眼斑龟的腹面

拟眼斑龟

【拉 丁 名】*Sacalia pseudocellata* Iverson and McCord,1992
【英 文 名】False Eye-spotted Turtle
【别　　名】无
【分类地位】淡水龟科、眼斑龟属
【分　　布】中国海南。
【形态特征】背甲棕色，椭圆形，少量黑色斑纹；腹甲黑色。头顶棕黄色，眼斑黄色，但没有明显的眼点；颈部具数条黄色条纹。四肢背部褐色，腹部淡黄色，指、趾间具蹼。尾短。
【生活习性】Iverson和McCord于1992年依据海南的标本命名。有关它的生活和繁殖习性尚未见报道。

拟眼斑龟的腹面（John B.Iverson）

拟眼斑龟（John B.Iverson）

黄喉拟水龟

【拉丁名】*Mauremys mutica* (Cantor , 1842)

【英文名】Asian Yellow Pond Turtle

【别　名】石龟、水龟、黄板龟、黄龟、柴棺龟

【分类地位】淡水龟科、拟水龟属

【分　布】国外分布于日本、越南。中国分布于安徽、福建、台湾、江苏、广西、广东、云南、海南、江西、浙江、湖北和香港。

【形态特征】背甲椭圆形，棕黄色，中央具1条嵴棱，背甲后部边缘呈锯齿状；腹甲黄色，每块盾片上具黑色斑点（有部分龟的腹甲上无黑斑，民间称之为"象牙板"）。腹甲前端向上翘，后缘缺刻较深。头小，头顶部淡橄榄色且较平滑，吻前端内斜达喙缘，头侧具黄色条纹，且延伸至颈部，喉部淡黄色，故名黄喉拟水龟。四肢背面灰褐色，腹面淡黄色，指、趾间具蹼。尾短。

【生活习性】栖息于丘陵地带及半山区的山间盆地和河流等水域中，也常到灌木丛林、稻田中活动。白天多在水中嬉戏、觅食。黄喉拟水龟为杂食性，取食范围广。在野外食昆虫、节肢动物和环节动物等，也食泥鳅、田螺、鱼、虾、小麦、水稻和杂草等。人工饲养条件下，食家禽内脏、猪肉和混合饲料等。在自然界，每年4~10月为交配期，5~9月为产卵期，每次产卵1~5枚。卵长径40毫米，短径21.5毫米。卵重11.9克（王义权等，1984）。孵化期62~75天。稚龟重6.3克左右。

　　除乌龟外，在我国龟类动物中，黄喉拟水龟分布最广，数量最多。民间将产于中国的黄喉拟水龟称为中国产黄喉拟水龟，产于越南的黄喉拟水龟称为越南产黄喉拟水龟。是否是亚种，有待进一步研究。

雄性黄喉拟水龟的腹面中央凹陷

中国产黄喉拟水龟

越南产黄喉拟水龟

黄喉拟水龟

腊戍拟水龟

【拉 丁 名】*Mauremys pritchardi* McCord,1997
【英 文 名】Lashio Pond Turtle
【别　　名】池塘龟
【分类地位】淡水龟科、拟水龟属
【分　　布】中国云南。国外分布于缅甸（腊戍）。

【形态特征】头部较小且窄，头顶部呈橄榄色，头侧具2条黄绿色纵条纹，其中一条延长到颈部，另一条仅到鼓膜处。背甲棕色（幼龟）或棕黑色（成龟），背甲中央具3条嵴棱，背甲前后缘均不呈锯齿状。腹甲淡黄色，每块盾片上具放射状棕黑色斑块，腹甲前缘平切，后缘缺刻。四肢橄榄色，前肢5爪，后肢4爪，指、趾间具蹼。尾橄榄色，较短。

【生活习性】属水栖龟类，杂食性，以小鱼和蠕虫为主。人工饲养条件下，喜食瘦猪肉、小鱼和混合饲料。有关繁殖习性不详。

腊戍拟水龟的头部（李德胜）

腊戍拟水龟

腊戍拟水龟的腹面

里海拟水龟

【拉 丁 名】*Mauremys caspica* (Gmelin,1774)
【英 文 名】Caspian Turtle
【别 名】黑拟水龟、里海泽龟
【分类地位】淡水龟科、拟水龟属
【分 布】前苏联最南部、土耳其、以色列、前南斯拉夫、保加利亚、希腊、塞浦路斯、叙利亚、沙特阿拉伯、伊朗和伊拉克。
【形态特征】背甲黑色，长椭圆形，背甲前后缘不呈锯齿状。腹甲黑色，无韧带。头侧面具黄色粗条纹，延伸至颈部，上喙呈∧形；颈部为褐色。四肢黑色，指、趾间具蹼。尾短。
【生活习性】属水栖龟类，以动物性饵料为主。每年6~7月为繁殖季节，每次产卵4~6枚。卵长径35~40毫米，短径20~30毫米。

里海拟水龟

里海拟水龟的腹面

日本拟水龟

【拉 丁 名】*Mauremys japonica* (Temminck and Schlegel,1835)
【英 文 名】Japanese Turtle
【别 名】日本石龟
【分类地位】淡水龟科、拟水龟属
【分 布】日本的本州岛、九州岛和四国岛。
【形态特征】年龄小的龟背甲棕黄色，年龄大的龟背甲为黑色。背甲长椭圆形，仅有惟一的嵴棱，嵴棱为黑色，背甲后缘呈锯齿状。腹甲黑色，平坦，前缘向上翻转，后缘缺刻较大。甲桥黑色。头部淡橄榄色，头侧面有黑色斑点，但没有淡色纵条纹。四肢和尾部灰褐色，指、趾间具蹼。

日本拟水龟的腹面

【生活习性】生活在池塘、小河、沼泽和水塘等水域。肉食性，各种肉类、小昆虫及饲料都是它们的食物。幼龟需经过 3~5 年才能达性成熟。每年 5~6 月产卵，每次 5~8 枚。卵呈白色，长椭圆形，硬壳。孵化期 70 天左右。

日本拟水龟

地中海拟水龟

【拉 丁 名】*Mauremys leprosa*（Schweigger,1812）

【英 文 名】Mediterranean Turtle

【别　　名】拟水龟

【分类地位】淡水龟科、拟水龟属

【分　　布】欧洲西南部（法国、西班牙等）和南非西北部。

【形态特征】体型适中，背甲长通常 18~25 厘米。背甲淡棕色趋向橄榄色，长卵圆形，中央嵴棱明显，颈盾和椎盾较宽，缘盾不呈锯齿状。腹甲黄色，有褐色斑纹。头部灰色趋向橄榄色，有一连续的黄色条纹自颈部，过鼓膜，延伸到眼眶，有圆形黄色或橘黄色斑点。四肢和尾灰色，有黄色条纹或蠕虫状斑纹。

【生活习性】生活于河、池塘、湖等水域。杂食性，但偏爱肉类。在春季产卵，每次 2~14 枚，孵化期 65~80 天。

地中海拟水龟的头部（Torsten Blanck）

地中海拟水龟的腹面
（Torsten Blanck）

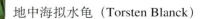

地中海拟水龟（Torsten Blanck）

119

花龟属 *Ocadia* Gray,1870

本属3种。主要特征：背甲栗色，腹甲黑色，无韧带。头顶部黑色，头侧面、颈部、四肢和尾部均布满黄绿镶嵌条纹。

花龟属的种检索

1a.上喙中央有∧形槽口 .... 缺颌花龟（*Ocadia glyphistoma*）
1b.上喙中央无∧形槽口 2
2a.颈侧具多数黄色细条纹 .... 中华花龟（*Ocadia sinensis*）
2b.颈侧具少数黄色粗条纹 .... 菲氏花龟（*Ocadia philippeni*）

菲氏花龟（William P. McCord）

缺颌花龟（William P. McCord）

中华花龟

中华花龟

【拉 丁 名】 *Ocadia sinensis* (Gray,1834)
【英 文 名】 Chinese Stripe-necked Turtle
【别　　名】 花龟、草龟、斑龟
【分类地位】 淡水龟科、花龟属
【分　　布】 国外分布于越南。中国分布于福建、广东、广西、海南、香港、江苏、台湾、浙江。
【形态特征】 背甲呈栗黑色，椭圆形，中央略隆起，嵴棱3条（幼龟更明显），后缘不呈或略呈锯齿状。腹甲棕黄色，每块盾片具一大黑斑块，腹甲平坦，前缘平切，后缘缺刻深。头部较小，吻端内斜。头部、颈部具数条黄绿色镶嵌的粗细不一的条纹。四肢布满黄绿色镶嵌的细条纹，指、趾间具蹼。尾具黄色镶嵌的条纹，尾短。
【生活习性】 属水栖龟类。生活于池塘、河、湖和水潭等地。食性杂，如植物嫩叶、水竹叶、蛹、双翅目的幼虫和螺等。每次产卵10~20枚，孵化期2个月左右。

中华花龟的腹面

中华花龟的幼龟腹面

中华花龟

菲氏花龟

【拉　丁　名】*Ocadia philippeni* McCord and Iverson , 1992
【英　文　名】Philippen's Stripe-necked Turtle
【别　　　名】橙花龟
【分类地位】淡水龟科、花龟属
【分　　　布】中国海南。
【形态特征】背甲棕黑色，长椭圆形，嵴棱不明显，缘盾的腹面淡黄色，且有黑色斑点，背甲后部边缘不呈锯齿状。腹甲淡黄色，每块盾片上有大块黑色斑点。头顶草绿色，自鼻孔处有一条淡黄色镶嵌黑色的条纹，通过眼眶，一直延伸至颈部，侧面

菲氏花龟的腹面
（William P. McCord）

菲氏花龟（John B.Iverson）

具有淡黄色镶嵌黑色边的条纹，条纹较粗，上喙中央无缺刻。颈部墨绿色，具有数条（比中华花龟的条纹多）淡黄色镶嵌黑色边的条纹，延伸至颈部。四肢灰黑色，指、趾间具蹼。尾短，具有淡黄色和黑色镶嵌的条纹 。
【生活习性】据 Oscar Shiu 介绍，菲氏花龟于10月产卵，每次10枚，卵椭圆形，卵长径38.7~41.6毫米，短径24~25.2毫米。

缺颌花龟

【拉　丁　名】*Ocadia glyphistoma* McCord and Iverson,1994
【英　文　名】Guangxi Stripe-necked Turtle
【别　　　名】广西花龟、越南花龟
【分类地位】淡水龟科、花龟属
【分　　　布】中国广西。

缺颌花龟的腹面（侯　勉）

【形态特征】背甲淡栗色，长椭圆形，中央嵴棱较明显，每块缘盾腹面上具有黑色斑点。腹甲淡黄色，每块盾片上具有大小不等的黑色斑点。头顶草绿色，侧面具4条淡黄色镶嵌黑色的条纹，上喙中央缺刻。颈部布满淡黄色镶嵌黑色的条纹。四肢灰褐色，无淡黄色条纹，指、趾间具蹼。尾短，有淡黄色和黑色镶嵌的条纹。
【生活习性】不详。

缺颌花龟（侯　勉）

果龟属 *Notochelys* Gray,1863

　　本属仅1种，即果龟（*Notochelys platynota*）。主要特征：背甲中央平坦，椎盾6枚或7枚；腹甲胸盾与腹盾间具韧带。

果　龟

【拉 丁 名】*Notochelys platynota* (Gray,1834)
【英 文 名】Malayan Flat-shelled Turtle
【别　　名】平壳龟、马来西亚平壳龟、黄龟、六板龟
【分类地位】淡水龟科、果龟属
【分　　布】泰国、越南、马来西亚、印度尼西亚的苏门答腊、婆罗洲和爪哇。

背甲长26厘米的果龟

【形态特征】背甲黄色（成龟为棕黄色），长椭圆形，有6~7枚椎盾，椎盾平坦，嵴棱间断且低，后部缘盾呈锯齿状。腹甲黄色，每块盾片上具褐色不规则斑点，胸盾与腹盾间借韧带相连。头部棕黄色（幼龟的颜色较鲜明），头侧面具淡黄色斑纹，上喙中央呈∧形。四肢灰黄色，具鳞片，指、趾间具蹼。尾短。

【生活习性】属水栖龟类，生活于沼泽、池塘、水潭及溪流中。草食性。食植物茎叶。人工饲养条件下，仅食香蕉、苹果、黄瓜、番茄和菜叶等植物。有关繁殖资料较少。

背甲长 26 厘米果龟的腹面

背甲长 12 厘米的果龟

背甲长 12 厘米果龟的腹面

锯缘龟属 *Pyxidea* Gray,1863

本属仅1种。主要特征：背甲与腹甲间、胸盾与腹盾间借韧带相连，缘盾前部和后部均呈锯齿状。

锯 缘 龟

【拉 丁 名】*Pyxidea mouhotii* (Gray,1862)

【英 文 名】Keeled Box Turtle

【别　　名】平背龟、方龟、八角龟、锯缘箱龟、锯缘摄龟

【分类地位】淡水龟科、锯缘龟属

【分　　布】国外分布于越南、印度、泰国和缅甸。中国分布于广东、广西、海南、湖南和云南。

【形态特征】背甲黄色，后缘有 4 对锯齿，故名八角龟，背甲中央具 3 条纵嵴。因背甲呈方形，又名方龟。腹甲黄色（幼龟每块盾片上有放射状花纹），周围黑色。头部大小适中，上喙钩形。四肢灰褐色，具覆瓦状鳞片，指、趾间具半蹼。尾短。

【生活习性】生活于山区丛林、灌木及小溪中。属半水栖龟类，水位不能超过自身背甲高度，否则有溺水现象。肉食性，尤喜活食，如蝗虫、黄粉虫和蚯蚓等。有关繁殖习性报道较少，仅知其卵长径 40 毫米，短径 25 毫米。

成体锯缘龟

成体锯缘龟腹甲的斑纹有差异

草龟属 *Hardella* Gray,1870

本属仅 1 种 2 个亚种。主要特征：背甲与腹甲间借骨缝相连，腹甲每块盾片上具大块黑斑。上颌骨齿槽面没有中央嵴。

草 龟

【拉 丁 名】*Hardella thurjii*（Gray,1831）
【英 文 名】Crowned River Turtle
【别 名】花冠龟
【分类地位】淡水龟科、草龟属
【分 布】巴基斯坦、孟加拉国、印度、尼泊尔。
【形态特征】背甲淡黑褐色（幼龟灰黑色），具 3 条黑色纵条纹（有的无），长卵圆形，背甲前后缘不呈锯齿状。腹甲黑色，有淡黄色不规则斑纹。甲桥黑色。头部为黑色，头顶部有橘红色条纹，顶部中央有一条橘红色纵条

草龟的腹面

纹。四肢灰褐色，指、趾间具蹼。尾灰褐色，较短。

【生活习性】生活于沼泽、池塘、湖、河及小溪。属水栖龟类，杂食性。人工饲养条件下，食浮萍、水花生和苏丹草等，也食瘦猪肉、鱼肉、虾及幼蛙。有关繁殖习性尚未见报道。

草　龟

草龟的头部

巨龟属 *Orlitia* Gray,1873

本属仅1种。主要特征：背甲黑褐色，腹甲淡黄色，无任何斑点（幼龟有棕褐色斑块）。头部黑色，眼睛大，吻钝，上颌骨齿槽较宽，没有中央嵴。

马来巨龟

【拉 丁 名】*Orlitia borneensis* Gray,1873

【英 文 名】Malaysian Giant Turtle

【别　　名】黑龟、山龟、马来西亚巨龟、泽巨龟

【分类地位】淡水龟科、巨龟属

【分　　布】马来西亚、印度尼西亚的婆罗洲、苏门答腊。

重15千克的马来巨龟

【形态特征】背甲黑色，椭圆形，中央无嵴棱，后缘不呈锯齿状。腹甲淡黄色（幼龟腹甲上具棕褐色斑纹），腹甲后部缺刻较深。头顶部、颈部黑褐色，上喙略呈钩状，眼睛较大，喉部、颈部腹面淡黄色。四肢背部黑褐色，腹面淡黄色，侧面具大块鳞片，指、趾间具发达蹼。尾黑色且短。

【生活习性】属水栖龟类。生活于江河、湖及水潭。属杂食性，食植物茎叶和花果等，也食小鱼、虾、蛙和一些水生昆虫。人工饲养条件下，食瘦猪肉、龙虾、小鱼、家禽内脏、牛肉、黄瓜和苹果等瓜果蔬菜。每年5~10月产卵。在人工加温饲养条件下，12月至翌年3月也有产卵现象。卵长径60~80毫米，短径35~43毫米。卵重46~72克。稚龟背甲长60毫米。

重 15 千克的马来巨龟腹面为淡黄色

重 2.5 千克的马来巨龟腹面为棕色

粗颈龟属 *Siebenrockiella* Lindholm,1929

本属仅1种。主要特征：背甲黑色，第4枚椎盾不明显。腹甲土黄色，具黑色斑块。头部黑色，上颌骨齿槽面没有中央嵴。

粗 颈 龟

【拉　丁　名】*Siebenrockiella crassicollis* (Gray,1831)
【英　文　名】Black Marsh Turtle
【别　　　名】沼泽龟、白颊龟
【分类地位】淡水龟科、粗颈龟属
【分　　　布】越南、缅甸、马来西亚、泰国、印度尼西亚的婆罗洲、爪哇和苏门答腊。
【形态特征】背甲深黑色，前窄后宽，似梯形，中央嵴棱明显，后部边缘呈锯齿状。腹甲淡黄色，有大块黑斑。甲桥黄色较宽。头部黑色，吻钝，头顶部斑点因性别不同而存在差异（幼龟时，头顶眼斑均为淡黄色）。雄性头顶部为黑色，淡黄色斑点随年龄的增大而变为黑色，与头顶部皮肤相同；雌性为淡黄色或乳白色。四肢黑色，具覆瓦状鳞片，指、趾间具蹼。尾适中。
【生活习性】生活于沼泽地、湖泊、小溪等地。属水栖龟类。人工饲养状态下，吃动物性饵料，如瘦猪肉、鱼肉、虾和家禽内脏等。每年4~7月为繁殖期，每次产卵1~4枚。卵长径50.7~52.7毫米，短径26.8~30.2毫米。卵重22.5~29克。

雌性粗颈龟的头顶部有一对淡黄色眼斑

幼粗颈龟无论雌、雄，头顶部均有一对
黄色眼斑

成体粗颈龟的腹面

雄性粗颈龟性成熟后，头顶眼斑逐渐变为黑色

淡水龟属 *Batagur* Gray,1855

本属仅1种。主要特征：体型较大，背甲长达60厘米。背甲黑色，圆形，中央略隆起，腹甲黄色。上颌骨齿槽有2个中央嵴。前肢4爪。

潮 龟

【拉 丁 名】*Batagur baska* (Gray,1831)

【英 文 名】River Terrapin

【别　　 名】河龟、巴达库尔龟

【分类地位】淡水龟科、淡水龟属

【分　　 布】印度、泰国、马来西亚、苏门答腊、缅甸、柬埔寨、孟加拉国。1995年，国内市场上仅有少量。

【形态特征】背甲灰黑色，无任何斑块，呈椭圆形，背甲后部边缘不呈锯齿状。腹甲淡黄色，无任何斑块。甲桥发达。头部灰黑色，吻部向上突出。四肢灰黑色，指、趾间具发达蹼。尾灰黑色且短。

潮龟的腹面

【生活习性】水栖龟类，生活于江、河和湖泊中。食性属植物性，喜食植物茎叶和水草等。人工饲养状态下，瓜果蔬菜均食。每年3~12月为繁殖季节。雄龟背甲及头顶部颜色变鲜艳，鼻部、颈部颜色由青褐色变为棕红色。产卵期为1~3月，每次产卵13~34枚，产卵多在夜晚。卵长径66~70毫米，短径45毫米。孵化期70~112天。

潮　龟

鼻龟属 *Rhinoclemmys* Fitzinger, 1835

本属有9种。分布于墨西哥北部、厄瓜多尔北部和巴西北部及特立尼达岛，是淡水龟科成员中惟一生活在新大陆的龟。主要特征：背甲略隆起，背甲中央仅具一条嵴棱。腹甲没有韧带。头顶部无马蹄状斑点，上颌骨齿槽面较窄。

美 鼻 龟

【拉 丁 名】*Rhinoclemmys pulcherrima manni* Dunn, 1930
【英 文 名】Central American Wood Turtle
【别　 名】森林鼻龟、木纹龟
【分类地位】淡水龟科、鼻龟属
【分　 布】墨西哥。
【形态特征】背甲黄绿色，每个盾片上具有黑色不规则条纹，背甲缘盾后部不呈锯齿状。腹甲淡黄色，具黑色斑纹。头顶绿色，具红色细条纹，延伸至枕部，侧面自吻部出发，有2~3条红色条纹，至鼓膜处停止。颈部绿色，具数条红黑镶嵌的条纹。四肢棕绿色，具淡黄色或棕色鳞片，指、趾间具蹼。尾短。
【生活习性】生活于池塘、河、湖等地。有关野外生活习性了解较少。人工饲养条件下，食鱼肉、瘦猪肉和虾肉等，少量食黄瓜。

美鼻龟的腹面

美鼻龟

红头鼻龟

【拉 丁 名】*Rhinoclemmys pulcherrima pul-cherrima*（Gray,1855）

【英 文 名】Guerrero Wood Turtle

【别　　名】红鼻龟

【分类地位】淡水龟科、鼻龟属

【分　　布】墨西哥。

【形态特征】背甲黄绿色，中央嵴棱明显，每块盾片上具黑色细小斑点，每块肋盾上具圆形红色斑点，外围镶嵌黑色圆环，斑点左右对称，背甲后缘不呈锯齿状。腹甲黄绿色，具黑色条纹。头顶部绿色，顶部有红色细条纹。眼眶上具2条红色细条纹。侧面有黑色小斑点。四肢褐色，散布橘红色斑点，指、趾间具蹼。尾短。

【生活习性】不详。

红头鼻龟（Ron de Bruin）

墨西哥鼻龟

【拉 丁 名】*Rhinoclemmys rubida* (Cope , 1869)

【英 文 名】Mexican Spotted Wood Turtle

【别　　名】红头木纹龟

【分类地位】淡水龟科、鼻龟属

【分　　布】墨西哥。

【形态特征】背甲最长23厘米，黄褐色，成龟以巧克力色为主，背甲中央平坦，椎盾和肋盾上有黄色斑点，每块盾片上有明显的同心圆纹，背甲后缘略呈锯齿状。腹甲淡黄色，有黑色大斑纹。头部较小，黑褐色；头顶部和侧面有淡黄色或橘红色粗条纹且向后延伸。颈部淡黄色，有黑色细小花纹。四肢灰褐色，前肢具黄色或橘红色大的鳞片，指、趾间略有蹼。尾短。

【生活习性】墨西哥鼻龟有2个亚种。生活于矮小灌木丛林的陆地和浅水区域。以草食性为主，也食小毛虫等动物性食物。繁殖习性了解甚少。

墨西哥鼻龟（Ron de Bruin）

哥伦比亚鼻龟

【拉 丁 名】 *Rhinoclemmys melanosterna* (Gray, 1861)
【英 文 名】 Colombian Wood Turtle
【别   名】 哥伦比亚木纹龟
【分类地位】 淡水龟科、鼻龟属
【分   布】 巴拿马、哥伦比亚和厄瓜多尔。
【形态特征】 背甲最长29厘米，棕褐色，中央嵴棱明显，每块盾片上有明显的同心圆纹，背甲后缘不呈锯齿状。腹甲淡黄色。头部较小，黑褐色；吻部向前突出；巩膜黄色或乳白色；头顶和眼睛前方具黄色或橘红色细条纹，过眼眶上方延伸至颈部。四肢灰褐色，前肢具黄色细小斑纹，指、趾间具发达的蹼。尾短。
【生活习性】 大型的水栖龟类，生活于大型河、湖等水域，热带草原和森林的淡水环境内也可见其踪迹。以草食性为主，也食动物性食物。有上岸晒壳习性。一年四季均可繁殖，繁殖高峰在6~8月和11月，每次产1~2枚椭圆形白色的卵。卵长径48~71毫米，短径28~38毫米。孵化期85~141天。

哥伦比亚鼻龟（Ron de Bruin）

齿缘龟属 *Cyclemys* Bell,1834

本属2种。分布于印度北部、越南和菲律宾。主要特征：背甲具嵴棱，背甲后缘呈锯齿状，背甲与腹甲间以韧带相连，胸盾与腹盾间以韧带相连，但壳不能闭合。腹甲较大。

齿缘龟属的种检索

1a.颈侧的条纹很少达到头部口角的两侧 .... 齿缘龟（*Cyclemys dentata*）
1b.颈侧多条条纹延伸，通过眼眶，一直延伸到吻 ....
.... 条颈龟（*Cyclemys tcheponensis*）

齿 缘 龟

【拉 丁 名】*Cyclemys dentata*（Gray,1831）
【英 文 名】Asian Leaf Turtle
【别　 名】锯背圆龟、锯龟、草龟、亚洲叶龟
【分类地位】淡水龟科、齿缘龟属
【分　 布】中国分布于云南、广西。国外分布于爪哇、婆罗洲、柬埔寨、缅甸、印度、越南、苏门答腊、马来西亚、菲律宾。
【形态特征】齿缘龟的成体背甲呈扁圆形黑色（幼龟棕色并有放射状线纹），背甲后缘呈锯齿状。腹甲每块盾片黑色（幼龟淡棕色，有放射状线纹），具放射状线纹，随年龄的增加，腹甲逐渐呈黑色，无放射状线纹。背甲与腹甲间、胸盾与腹盾间借韧带相连，但不能完全闭合。头大小适中，顶部灰褐色，有大小斑点，眼大，上喙略呈锯齿状。颈部有淡黄色纵条纹（幼龟呈橘红色）。四肢灰褐色，指、趾间蹼发达。尾灰褐色且短。
【生活习性】属水栖龟类，喜生活于小河、池塘的水底或趴伏在水中的石头上，无上岸晒壳的习性。杂食性，尤喜食虾、瘦猪肉等。人工饲养条件下，曾于5月、8月、10月和11月分别产卵，卵重25.4~45克。卵长径51.1~61.9毫米，短径28~31.4毫米。

齿缘龟的腹面

齿缘龟（李德胜）

条 颈 龟

【拉 丁 名】*Cyclemys tcheponensis*（Bourret,1939）
【英 文 名】Stripe-necked Leaf Turtle
【别　　名】摄龟
【分类地位】淡水龟科、齿缘龟属
【分　　布】越南、泰国。
【形态特征】背甲淡棕色（成龟棕栗色），长椭圆形，每块盾片上有黑色斑点，自斑点发出黑色放射状线纹。背甲后部呈锯齿状。腹甲棕色，具放射状线纹，背甲与腹甲间、胸盾与腹盾间借韧带相连。头部黄色（幼龟淡橙黄色），具黑色斑纹。四肢褐色，具鳞片，指、趾间具蹼。尾短。
【生活习性】有关野外生活习性、繁殖习性等报道较少。

条颈龟的腹面

条颈龟（李德胜）

地龟属 *Geoemyda* Gray,1834

本属2种。主要特征：体型小，背甲中央具3条嵴棱，背甲后缘呈锯齿状，甲桥及腹甲处无韧带组织。

地龟属的种检索

1a. 有腋盾 ……………………………………………… 日本地龟（*Geoemyda japonica*）
1b.无腋盾 ……………………………………………………… 地龟（*Geoemyda spengleri*）

地 龟

【拉 丁 名】*Geoemyda spengleri* (Gmelin,1789)

【英 文 名】Black-breasted Leaf Turtle

【别　　名】金龟、十二棱龟、黑胸叶龟、枫叶龟、树叶龟

【分类地位】淡水龟科、地龟属

【分　　布】国外分布于越南。中国分布于广东、广西、海南、湖南；为我国二级保护动物。

【形态特征】体型较小，体重250克左右已能产卵。地龟的背甲呈枫叶状，体色橘黄色，背甲前后缘呈锯齿状，且前后缘呈锯齿状的盾片加起来有12枚，故名十二棱龟；背甲上有3条嵴棱，中央1条较明显。腹甲黄色，中央具大块黑斑。甲桥黑色，无腋盾。头部褐色，无条纹，上喙钩形。四肢浅棕色，散布红色或黑色斑纹，具大小不一鳞片，指、趾间具半蹼。尾灰褐色且短。

【生活习性】生活于山区丛林的清澈小溪。属半水栖型，不能长时间生活在深水中（水位不能超过自身背甲高度）。杂食性，人工饲养条件下，喜食蚯蚓、蚂蚁、蟋蟀、蝼蛄、苹果、瘦猪肉、黄瓜和番茄，不食鱼肉。有关繁殖资料报道较少。据报道，7月产卵1枚。卵长径43毫米，短径18毫米。卵重6克（姚闻卿，1995）。

雄性地龟的尾部较长

雌性地龟的尾部较短

雄性地龟（Michael Nesbit）

马来龟属 *Malayemys* Lindholm,1931

> 本属仅1种。主要特征：背甲黑色，背甲上3条嵴棱明显，缘盾后部呈锯齿状。腹甲黄色，具黑色斑块。头部黑色，头顶、侧面、吻部具多条乳白色或白色条纹。

马来龟

马来龟的腹面

【拉 丁 名】*Malayemys subtrijuga* (Schlegel and Müller,1844)

【英 文 名】Malayan Snail-eating Turtle

【别　　名】蜗牛龟、食蜗龟

【分类地位】淡水龟科、马来龟属

【分　　布】泰国、柬埔寨、越南、马来西亚、印度尼西亚（爪哇和苏门答腊）。

【形态特征】幼龟背甲呈长圆形，背甲棕黑色（成龟背甲褐色，近似黑色），中央3条嵴棱明显，背甲边缘黄色或白色，前后缘不呈锯齿状。腹甲黄色或白色，每块具三角形大黑斑块。头部黑色，顶部边缘有V形白色条纹，过眼眶上部，延伸到颈部，且条纹逐渐变粗，吻钝，眼部周围被白色眼线包围，似戴上一副眼镜，鼻孔处有4条白色纵条纹，自眼眶前端有一黄白色斑点，斑点下端有一条黄白色纵条纹，过眼眶下延伸到颈部，逐渐变粗。上喙中央呈∧形，下喙中央有2条白色粗条纹，延伸到颈部，颈部呈黑色，有数条粗细不一的纵条纹。四肢黑色，边缘有黄白色纵条纹，指、趾间具蹼。尾短，黑色。

【生活习性】生活于溪流、沼泽和稻田中。食蜗牛、小鱼、蚯蚓、蠕虫及甲壳虫等。有关繁殖习性报道较少。人工饲养条件下，成活率较低。

马来龟（R. Bert Simmons）

庙龟属 *Hieremys* Smith,1916

本属仅1种。主要特征：背甲黑色，中央嵴棱明显。腹甲淡黄色，无韧带。头部黑色，侧面具黄色碎斑点，上喙中央呈锯齿状。

庙　龟

【拉 丁 名】 *Hieremys annandalii* (Boulenger,1903)
【英 文 名】 Yellow-headed Temple Turtle
【别　　名】 黄头龟、丝绸龟
【分类地位】 淡水龟科、庙龟属
【分　　布】 越南、柬埔寨、马来西亚、泰国。
【形态特征】 背甲黑色，高拱且呈长椭圆形，中央嵴棱略明显，背甲前缘、后缘不呈锯齿状。腹甲淡黄色，前缘平切，后缘缺刻。甲桥淡黄色。头顶部、侧面及眼眶黑色并夹杂黄色细小斑点，上喙中央呈W形，下颌黄色。四肢淡黑褐色，指、趾间具蹼。腋窝、胯部淡黄色接近白色。尾黑色且短。

重7千克的庙龟腹面

重7千克的庙龟

【生活习性】属水栖龟类，生活于江河、湖泊和溪流，少数龟尚能暂时生活于海水中。人工饲养下，食黄瓜、菜叶和香蕉等瓜果蔬菜，也食瘦猪肉和猪肝等。有关繁殖习性报道较少。

重1千克的庙龟腹面

重1千克的庙龟

东方龟属 *Heosemys* Stejneger,1902

　　本属4种。分布于缅甸、越南、马来西亚、印度尼西亚和菲律宾。主要特征：背甲椎盾较平，呈六边形，中央通常有1～2个嵴棱，背甲后缘具强烈锯齿。背甲与腹甲间、胸盾与腹盾间无韧带。多数龟的腹甲具放射状花纹。

大东方龟

【拉 丁 名】*Heosemys grandis* (Gray,1860)

【英 文 名】Giant Asian Pond Turtle

【别　　名】东方龟、锯龟、亚洲巨龟、巨型山龟、东方巨龟

【分类地位】淡水龟科、东方龟属

【分　　布】缅甸、越南、马来西亚。

【形态特征】背甲棕色，中央嵴棱明显，背甲后缘呈锯齿状。腹甲淡黄色，具放射状花纹。头部棕色，具橘红色碎小斑点。四肢棕色，具鳞片，指、趾间蹼发达。尾短。

【生活习性】属水栖龟类，生活于湖泊、小河及沼泽地。杂食性，人工饲养状态下，喜食瓜果蔬菜、植物茎叶、家禽内脏及瘦猪肉，如香蕉、黄瓜、苹果、白菜、猪肝、鱼和虾等。人工混合饵料也食。在自然界，每年8~10月为产卵期。人工饲养条件下，重5.15千克的龟于1~3月和12月有产卵的现象，每次产卵2~10枚。卵重52.7~61.8克。卵长径52.5~63毫米，短径32.4~40毫米。

雄性大东方龟的腹甲中央凹陷

雌性大东方龟的腹甲中央平坦

大东方龟

黑龟属 *Melanochelys* Gray,1869

本属2种，即印度黑龟（*Melanochelys trijuga*）、三棱黑龟（*Melanochelys tricarinata*），其中印度黑龟有7个亚种。

黑龟属的种检索

1a.指、趾间具发达蹼，背甲、腹甲黑褐色或黑色 ······ 印度黑龟（*Melanochelys trijuga*）

1b.前肢的指与指间具半蹼，后肢趾与趾间几乎没有蹼，背甲上有3条淡黄色长长的纵线，腹甲黄色 ························· 三棱黑龟 （*Melanochelys tricarinata*）

印度黑龟

印度黑龟的腹面

【拉 丁 名】*Melanochelys trijuga* (Schweigger,1812)

【英 文 名】Indian Black Turtle

【别　　　名】印度龟、黑山龟

【分类地位】淡水龟科、黑龟属

【分　　　布】尼泊尔、印度、缅甸、斯里兰卡、孟加拉国。

【形态特征】背甲呈黑色，背甲上有3条淡褐色的纵条纹，中央一条较明显、清晰。背甲前后缘不呈锯齿状。腹甲黑色，两侧有淡黄色且对称的大块斑点。甲桥黑色。头部淡黑色，顶部无鳞，喙呈Λ形，颈部背面黑色，腹部淡黄色。四肢前半部黑色，后半部淡黄色，指、趾间具蹼。尾短。

【生活习性】属水栖龟类，生活于清澈小河、溪流及离水不远的陆地。白天活动少，夜晚活动多。人工饲养下，食虾、鱼和瘦猪肉等。每年产3~8枚卵。卵长径43~55毫米，短径24~30毫米。孵化期60~65天。

印度黑龟

三棱黑龟

【拉 丁 名】*Melanochelys tricarinata*（Blyth,1856）
【英 文 名】Tricarinate Hill Turtle
【别　　名】黑龟、三线黑龟
【分类地位】淡水龟科、黑龟属
【分　　布】印度、孟加拉国、尼泊尔。
【形态特征】背甲黑色，长椭圆形，具3条淡黄色纵棱，背甲后部缘盾不呈锯齿状。腹甲淡黄色，较窄，腹甲后部边缘缺刻。头部褐色，侧面橘红色（成龟颜色较暗），颈部褐色。四肢褐色，指、趾间具蹼。尾短。
【生活习性】生活于沼泽地、山间溪流及水潭。食鱼、昆虫及蠕虫。有关其繁殖习性报道较少。Theobala 曾报道，1 只雌龟产卵 3 枚，卵长径 44.4 毫米，短径 25.4 毫米。

三棱黑龟的头部

三棱黑龟（松坂　实）

沼龟属 *Morenia* Gray,1870

本属2种，分布于亚洲南部。主要特征：背甲中央具明显嵴棱，每块盾片上有马蹄状的黑斑。腹甲黄色，无任何斑点。

沼龟属的种检索

1a. 吻部显著突出，较长，比眶径长，颈盾长大约是第1枚缘盾宽的1/2，生活于印度、巴基斯坦 ·················· 印度沼龟（*Morenia petersi*）

1b. 吻部突出不特别显著，较短，比眶径短，颈盾长大约是第1枚缘盾宽的1/4，生活于缅甸南部 ·················· 缅甸沼龟（*Morenia ocellata*）

缅甸沼龟

【拉 丁 名】*Morenia ocellata*（Duméril and Bibron, 1835）

【英 文 名】Burmese Eyed Turtle

【别　　 名】草龟、缅甸孔雀龟

【分类地位】淡水龟科、沼龟属

【分　　 布】缅甸南部。

【形态特征】背甲黑色，椭圆形，中央隆起，每块盾片上具马蹄状黑斑。腹甲黄色，无任何斑点。头部黑色，头顶、侧面具白色纵条纹，且延伸至颈部。四肢褐色，具鳞片，指、趾间具蹼。尾短黑色。

【生活习性】有关其生活习性、繁殖习性报道较少。人工饲养条件下，食瘦猪肉和鱼肉等。

缅甸沼龟的腹面（曲　艺）

缅甸沼龟（曲　艺）

印度沼龟

【拉 丁 名】*Morenia petersi* (Anderson,1879)
【英 文 名】Indian Eyed Turtle
【别　　名】印度龟、孔雀龟、印度孔雀龟
【分类地位】淡水龟科、沼龟属
【分　　布】印度、孟加拉国。
【形态特征】背甲黑褐色，椭圆形，中央嵴棱间断，背甲缘盾边缘为黄色。头部灰褐色，头侧有淡黄色条纹，经吻部，通过眼睛，延伸至颈部，上喙有细小锯齿。腹甲黄色，无任何斑点。四肢褐色，外侧具淡黄色条纹，指、趾间具蹼。尾短，黑色。
【生活习性】有关其生活习性、繁殖习性报道较少。

印度沼龟的腹面（曲　艺）

印度沼龟的头颈部条纹为黄色

杂交的三爪箱龟

三爪箱龟与其他箱龟杂交,杂种龟头部、背甲斑纹差异较大

丽箱龟

【拉 丁 名】*Terrapene ornata ornata* (Agassiz ,1857)
【英 文 名】Ornate Box Turtle
【别　　名】绚丽箱龟、锦箱龟
【分类地位】龟科、箱龟属
【分　　布】美国。
【形态特征】背甲棕红色，具淡黄色放射状花纹，背甲圆形，中央隆起；腹甲棕红色，具淡黄色放射状花纹。背甲与腹甲间、胸盾与腹盾间借韧带连接。头部、颈部灰色，上喙略呈钩状，下颌具淡黄色鳞片。四肢具淡黄色鳞片，指、趾间仅有少量蹼。尾短。
【生活习性】生活于陆地、草地及丘陵地带。杂食性，如昆虫和植物茎叶等。人工饲养下，食黄粉虫（面包虫）、瘦猪肉、番茄和香蕉等。每年 5~7 月为产卵期，每次产卵 2~8 枚。卵长径 21~41 毫米，短径 20~26 毫米。孵化期 70 天左右。

丽箱龟的腹面

雌性丽箱龟的眼睛为黄色

161

雄性丽箱龟的眼睛为红色

科阿韦拉箱龟

【拉 丁 名】*Terrapene coahuila* Schmidt and Owens , 1944
【英 文 名】Coahuilan Box Turtle
【别　　名】墨西哥箱龟
【分类地位】龟科、箱龟属
【分　　布】墨西哥的科阿韦拉州。
【形态特征】背甲圆形，顶部较平，背甲呈淡橘黄色。腹甲黄色，无杂色斑纹。头部橘黄色，上喙呈钩状。四肢深橘黄色，指、趾间具半蹼。尾短。
【生活习性】生活于陆地和溪流的附近地带。以肉食性为主，也食番茄等蔬菜。每年5~9月为繁殖季节，每次产卵1~4枚。卵呈长椭圆形，白色。

科阿韦拉箱龟的腹面

科阿韦拉箱龟（Ron de Bruin）

162

纳氏箱龟

【拉 丁 名】 *Terrapene nelsoni* Stejneger , 1925
【英 文 名】 Spotted Box Turtle
【别　　名】 斑点箱龟
【分类地位】 龟科、箱龟属
【分　　布】 墨西哥的索诺拉州中部到纳亚里特州。
【形态特征】 背甲长 15 厘米。背甲淡棕褐色，布满淡黄色小斑点，背甲呈长椭圆形，顶部中央隆起，有中央嵴棱，椎盾宽大于长，后缘不呈锯齿状，但略朝外翻卷。腹甲黑色，散布淡黄色小斑点，胸盾与腹盾间借韧带相连。甲桥淡黄色，具有韧带。头部棕褐色，布满淡黄色小斑点，头较大，上喙淡黄色，呈钩状，颈部棕褐色，具淡黄色小斑点。四肢棕褐色，布满淡黄色细小斑点，指、趾间具有半蹼。尾棕褐色，具淡黄色细小斑点，长短适中。

【生活习性】 属半水栖龟类。生活于矮小灌木丛林中，人工饲养下，杂食性，食各种植物、蠕虫和罐装狗食。每次产卵 1～4 枚，卵长椭圆形，平均长径 47 毫米，平均短径 27 毫米。

纳氏箱龟的腹面(F.Bonin)
（引自法国《La Tortue》杂志）

雌性纳氏箱龟(F.Bonin)(引自法国《La Tortue》杂志)

鸡龟属 *Deirochelys* Agassiz , 1857

本属 1 种 3 个亚种。主要特征：背甲花纹呈网状，腹甲淡黄色。颈部很长，吻部至肩部的长度约等于腹甲长度，似鸡颈。

鸡 龟

【拉 丁 名】*Deirochelys reticularia*（Latreille，1801）

【英 文 名】Chicken Turtle

【别 　 名】网龟、纲目泽龟

【分类地位】龟科、鸡龟属

【分 　 布】美国的得克萨斯州东部、俄克拉何马州东南部、佛罗里达州、弗吉尼亚东北部和东南部。

【形态特征】背甲深绿色，布满淡黄色网状花纹，背甲长椭圆形，缘盾腹面淡黄色，背甲后缘不呈锯齿状。腹甲淡黄色，甲桥上有长条状黑斑。头、颈部深绿色，均布满淡黄色和黑色相互镶嵌的条纹，上喙不呈钩形，也不呈 V 形，头部较窄，颈部较长，故名鸡龟。四肢的背部深绿色，布满淡黄色条纹，腹部淡黄色，具黑色斑点，指、趾间具蹼。尾短，具黄色与绿色相互镶嵌的花纹和条纹。

【生活习性】属水栖龟类，生活于湖、水潭、沼泽和溪流等地。杂食性，水草和昆虫均食。每年 1~3 月为繁殖期，每次产卵 5~15 枚。卵长径 32~40 毫米，短径 20~23 毫米。孵化期 70~116 天。

鸡龟的腹面（William P. McCord）

鸡龟（William P. McCord）

锦龟属 *Chrysemys* Gray，1844

本属1种4个亚种。主要特征：背甲与腹甲间无韧带，背甲中央无嵴棱，背甲后部缘盾无锯齿。上喙边缘具细小锯齿。

锦 龟

【拉 丁 名】*Chrysemys picta bellii*（Gray，1831）

【英 文 名】Western Painted Turtle

【别　　名】火神龟、火焰龟

【分类地位】龟科、锦龟属

【分　　布】加拿大南部（从安大略西南到温哥华岛）、美国华盛顿州、北俄勒冈州到密苏里州及威斯康星州、新墨西哥州、南犹他州、科罗拉多州西南及墨西哥的奇瓦瓦北部。

【形态特征】背甲深灰色，边缘具绿色，背甲中央无红色纵条纹，缘盾上具红色弯曲条纹，背甲呈长椭圆形，后部缘盾不呈锯齿状。腹甲中央具棕色条纹和斑纹。头部深橄榄色，侧面具数条淡黄色纵条纹，并延伸至颈部。四肢深绿色，具淡黄色条纹。尾短。

锦 龟

【生活习性】属水栖龟类，生活于湖、河和池塘等地。杂食性，水草、昆虫和小鱼均食。人工饲养状态下，食瘦猪肉、小鱼、家禽内脏、蚯蚓、菜叶和香蕉等。每年6~7月为繁殖期，每次产卵2~22枚。卵长径27.1~30.7毫米，短径13.9~16.1毫米。卵重3.55~5克。孵化期72~80天。这里介绍的是4个亚种之一。锦龟背甲色彩鲜艳，腹甲鲜红，故名火焰龟。

重12克的锦龟腹甲条纹清晰（李德胜）

重250克的锦龟腹甲条纹变粗

锦龟腹甲条纹随着年龄增大而模糊

丽 锦 龟

【拉 丁 名】*Chrysemys picta dorsalis* Agassiz , 1857

【英 文 名】Southern Painted Turtle

【别　　名】彩龟

【分类地位】龟科、锦龟属

【分　　布】美国路易斯安那州、阿肯色州、得克萨斯州东部到亚拉巴马州及密苏里州东南部。

【形态特征】背甲深橄榄色，中央具1条淡红色纵纹，长椭圆形。腹甲淡黄色，无任何斑点。头、颈部深绿色，侧面具淡黄色纵条纹。四肢深绿色，具淡黄色条纹。尾短。

【生活习性】有关生活习性报道较少。每年6~7月为繁殖季节，每次产卵3~8枚。丽锦龟是4个亚种之一。

丽锦龟的腹面

丽锦龟（李德胜）

背甲长6厘米的丽锦龟幼龟

背甲长6厘米的丽锦龟幼龟腹面

彩龟属 *Trachemys* Agassiz , 1857

本属6种。主要特征：背甲椭圆形，扁平，具粗细不一的黄绿色条纹相互镶嵌；腹甲无韧带；头部较短，上喙中央呈∧形。彩龟属与伪龟属的龟常有杂交现象，故部分龟较难确定其种名。

红耳彩龟

【拉 丁 名】*Trachemys scripta elegans*（Wied , 1839）

【英 文 名】Red-eared Slider 或 Slider

【别　　名】麻将龟、翠龟、巴西彩龟、秀丽彩龟、七彩龟、彩龟、红耳龟

【分类地位】龟科、彩龟属

【分　　布】美国南部及墨西哥东北部。

【形态特征】背甲绿色，具数条淡黄色与黑色相互镶嵌的条纹，背甲椭圆形。腹甲淡黄色，布满不规则深褐色斑点或条纹。头部绿色，具数条淡黄色纵条纹，眼后有1条红色宽条纹。四肢绿色，具淡黄色纵条纹。尾短。

【生活习性】属水栖龟类。生活于池塘、湖泊和河塘等地。杂食性，人工饲养状态下，喜食螺、瘦猪肉、蚌、蝇蛆、小鱼及菜叶和米饭等。每年5~8月为繁殖季节，每次产卵1~17枚。卵长径29~31.4毫米，短径15.4~18.9毫米。卵重5~6.79克。稚龟重4.2~6.9克。有16个亚种，此处介绍的是16个亚种之一，也是国内宠物市场上常见的一种。因其头顶部有一对红色粗条纹，故得名。

红耳彩龟的腹面

雄性红耳彩龟的尾部和爪较长

红耳彩龟

黄耳彩龟

【拉　丁　名】*Trachemys scripta scripta*（Schoepff ,1792）
【英　文　名】Yellow-bellied Slider
【别　　　名】黄彩龟、黄肚龟、黄龟、黄耳龟
【分类地位】龟科、彩龟属
【分　　　布】美国东海岸平原,从弗吉尼亚州东部到佛罗里达州北部。

【形态特征】背甲绿色,具无数淡黄色与黑色镶嵌的纵条纹。腹甲与红耳彩龟花纹相似。头部绿色,具淡黄色纵条纹,眼后有一条淡黄色宽条纹。四肢绿色,具淡黄色纵条纹 。尾短,黄绿色条纹相互镶嵌。

【生活习性】属水栖龟类,生活于河、湖、池塘等地。杂食性,人工饲养状态下,食鱼、虾、蝇蛆、水蚯蚓及菜叶等瓜果蔬菜,也食人工混合饲料。有关繁殖习性报道甚少。

　　这里介绍的是 16 个亚种之一。

黄耳彩龟的腹面

黄耳彩龟

黄肚彩龟

【拉 丁 名】*Trachemys scripta troostii* （Holbrook ,1836）
【英 文 名】Cumberland Slider
【别　　名】巴西彩龟、彩龟
【分类地位】龟科、彩龟属
【分　　布】美国弗吉尼亚州西南部到亚拉巴马州东北部。
【形态特征】背甲椭圆形，绿色，每块盾片上镶嵌大小不一且不规则的黄色条纹和斑块。腹甲上无韧带，呈淡黄色，具黑色圆点或斑块。头部绿色，眼后具一条黄色较粗纵条纹，眼下具黄色细条纹，且与下颌处的条纹相连，上喙中央具∧形。四肢绿色，具黄色细条纹，指、趾间具爪，前肢5爪，后肢4爪。尾短，绿色且有黄色细条纹。
【生活习性】属水栖龟类，栖息于大型河川中。杂食性，但肉食性较强。繁殖季节每次产卵17枚左右。卵长径41毫米左右，短径27毫米左右。

黄肚彩龟的腹面

黄肚彩龟

伪龟属 *Pseudemys* Gray，1855

本属6种。分布于美国东部、墨西哥。主要特征：背甲以绿色为主，椭圆形的背甲后部缘盾边缘呈锯齿状；腹甲无韧带；腋盾和胯盾极短。伪龟属的成员仅限在北美洲，它们与鸡龟属、彩龟属、图龟属、菱斑龟属的成员是近亲。

亚拉巴马伪龟

【拉 丁 名】*Pseudemys alabamensis* Baur,1893
【英 文 名】Alabama Red-bellied Turtle
【别　　 名】红肚龟、红肚甜甜圈
【分类地位】龟科、伪龟属
【分　　 布】美国亚拉巴马州、莫比尔湾。1999年，我国引进少量。
【形态特征】背甲椭圆形，以绿色为主，每块盾片上有黄色与绿色相互镶嵌的细条纹（成龟背甲颜色暗淡，花纹模糊）。腹甲橘红色，有对称黑色斑点。头部绿色，具黄色细条纹。四肢绿色，黄色细条纹散布其间。尾短，绿色。
【生活习性】属水栖龟类，生活于沼泽、溪流、河等地。人工饲养状态下，杂食性，食鱼、瘦猪肉、虾肉及菜叶等。有关它们繁殖习性报道较少。

背甲长4厘米的亚拉巴马伪龟

亚拉巴马伪龟的腹甲花纹变化较大

纳氏伪龟

【拉 丁 名】*Pseudemys nelsoni* Carr,1938
【英 文 名】Florida Red-bellied Turtle
【别　　名】佛罗里达红肚龟、纳尔逊氏伪龟
【分类地位】龟科、伪龟属
【分　　布】分布于美国佛罗里达州及佐治亚州东南。1999 年，我国引进极少量。
【形态特征】背甲椭圆形，绿色，每块盾片（除缘盾外）中央具黄色粗条纹，周围有黄色和绿色细条纹镶嵌。腹甲淡黄色（稚龟为橘红色），无任何斑点。头部绿色，头顶中央具一较粗且短的纵条纹，自头顶前端有一黄色条纹，经头侧部，

纳氏伪龟的腹面

延伸至颈部。四肢绿色，黄色粗条纹镶嵌其间。尾短，绿色与黄色镶嵌。

【生活习性】生活于池塘、沼泽等地。杂食性，水草、蠕虫等均食。全年均可繁殖。每次产卵 2~12 枚。卵长径 37~47 毫米，短径 19~26 毫米。孵化期 60~75 天。

纳氏伪龟

佛罗里达伪龟

【拉 丁 名】*Pseudemys floridana*（LeConte ,1829）
【英 文 名】Common Cooter
【别　　名】黄肚伪龟、黄肚甜甜圈
【分类地位】龟科、伪龟属
【分　　布】美国路易斯安那州到佛罗里达州到北卡罗来纳州沿岸平原。
【形态特征】背甲椭圆形，绿色，第 2 枚肋盾上有一较宽的横向条纹，背甲后缘不呈锯齿状。腹甲黄色，有一些黑色斑点或斑纹。头部绿色，有黄色细条纹，上喙中央没有缺口。四肢绿色，有黄色纵条纹。尾短，绿色与黄色相互镶嵌。
【生活习性】生活于湖、河、池塘等地。杂食性，食鱼、贝类、昆虫、水草等。每年 5~7 月为繁殖季节，每次产卵 2~29 枚，可分批产卵。卵长径 29~40 毫米，短径 22~27 毫米。孵化期 70~100 天。稚龟背甲长 27~33 毫米。
　　背甲长可达 40 厘米，是淡水龟中较大的一种。

佛罗里达伪龟的腹面

171

为黑褐色。腹甲黑色，有一些淡黄色杂斑纹，腹甲后缘中央缺刻较深。头和颈部均为黑褐色，头后部有淡黄色或橘黄色大块斑纹，上喙中央 ∧ 形 。四肢背部黑褐色，无任何斑点，腹部淡黄色或橘红色，指、趾间具蹼。尾短。
【生活习性】生活于沼泽、清澈并有软泥的溪流底。杂食性，食植物和昆虫等。每年 5~7 月产卵，每次 4~18 枚。

牟氏水龟的腹面（William P. McCord）

斑点水龟

【拉 丁 名】*Clemmys guttata* (Schneider，1792)
【英 文 名】Spotted Turtle
【别　　名】斑点龟、星点龟
【分类地位】龟科、水龟属
【分　　布】美国的佛罗里达州北部和加拿大东南部。
【形态特征】背甲呈黑色，每块盾片上均有数个黄色小斑点，背甲呈椭圆形。腹甲淡黄色，每块盾片上均有大块黑色斑纹，腹甲中央具淡黄色斑纹，腹甲后部较平。头部黑色，头顶部、侧面和颈部均有淡黄色斑点。四肢黑色，无黄色斑点。尾长短适中。
【生活习性】生活于沼泽、小溪等潮湿地带。杂食性，水草、昆虫均食。每年 4 月交配，6 月产卵，每次产卵 2~8 枚。卵长径 31~34 毫米，短径 15~17 毫米。
　　体型较小，背甲长 8 厘米的龟已是成体。

斑点水龟的腹面

斑点水龟

木雕水龟

【拉 丁 名】*Clemmys insculpta* (LeConte, 1829)

【英 文 名】Wood Turtle

【别　　名】森石龟、森林水龟

【分类地位】龟科、水龟属

【分　　布】美国。

【形态特征】背甲圆形，呈棕褐色，每块盾片上具黑色放射状花纹，年轮极明显，背甲后部缘盾呈锯齿状。腹甲淡黄色，每块盾片上均有大块黑色斑块，腹甲后部边缘缺刻较深。头部呈棕褐色，上喙不呈钩状。颈部呈棕红色。四肢呈棕红色，前肢5爪，后肢4爪。尾短，黑色。

【生活习性】属水栖龟类，栖息于森林内的河川及周边陆地。杂食性，以植物叶及小型动物为食。每年5~7月为产卵期，每次4~18枚。卵长径30毫米左右，短径26毫米左右。

木雕水龟（William P. McCord）

木雕水龟的腹面
（William P. McCord）

石斑水龟

【拉 丁 名】*Clemmys marmorata* (Baird and Girard,1852)

【英 文 名】Pacific Pond Turtle

【别　　名】斑石龟

【分类地位】龟科、水龟属

【分　　布】美国。

【形态特征】背甲椭圆形，呈橄榄绿色或黑褐色，背甲中央具放射状花纹。腹甲长方形，呈淡黄色，具黑色斑块，腹甲前缘平滑，后缘中央缺刻。头颈部为灰色，具淡黄色杂斑块，头侧部具网状斑纹。四肢灰色，有黄色杂斑纹。尾短，灰色。

【生活习性】属水栖龟类，生活于较大的河流、湖泊。杂食性，以藻类、水草、无脊椎动物、鱼类及蛙类为食。每年4~8月间产卵，每次产卵3~11枚。卵长径30~42.6毫米，短径18.5~22.6毫米。孵化期为70~80天。

雌性石斑水龟的腹面（Jame R.Buskirk）

雌性菱斑龟

地理图龟

【拉 丁 名】*Graptemys geographica*（LeSueur,1817）

【英 文 名】Common Map Turtle

【别　　名】普通图龟

【分类地位】龟科、图龟属

【分　　布】加拿大、美国。

【形态特征】背甲圆形，棕灰色，具淡黄色细条纹，后缘呈锯齿状。腹甲淡黄色，有棕色条纹，似地图状。头部灰色，具橘黄色或黄色细条纹，眼后 L 形条纹被黄色细条纹包围。四肢灰色，具黄色小斑点。尾短，灰色，有黄色纵条纹。

【生活习性】生活于小河、小溪和沼泽。杂食性，食昆虫、小鱼和水草等。每年5月底至7月中旬为产卵期，每次产卵6~10枚。孵化期大约75天。

地理图龟
（Disrk Stratmann）

地理图龟的腹面

黄斑图龟

【拉 丁 名】*Graptemys flavimaculata* Cagle，1954

【英 文 名】Yellow-blotched Map Turtle

【别　　名】黄斑点龟

【分类地位】龟科、图龟属

【分　　布】美国密西西比州之 Pascagoula 河流域。我国尚未引进。

【形态特征】背甲圆形，棕灰色，每块盾片上具淡黄色斑块。腹甲淡黄色，具棕色条纹。头部青灰色，具黄色条纹，眼后方具黄色倒 L 形条纹。四肢棕青色，具数条黄色纵条纹。尾短，具黄色条纹。

【生活习性】有关生活习性、繁殖习性报道较少。

雄性黄斑图龟（Disrk Stratmann）

雌性黄斑图龟
（Disrk Stratmann）

巴氏图龟

【拉 丁 名】*Graptemys barbouri* Carr and Marchand，1942

【英 文 名】Barbour's Map Turtle

【别　　名】眼斑图龟、蒙面地图龟

【分类地位】龟科、图龟属

【分　　布】美国亚拉巴马州东南Apalachicola Chipola河流域，佐治亚州西南及佛罗里达州西部。我国尚未引进。

【形态特征】背甲圆形，呈棕灰色，每块盾片上布满淡黄色环形条纹，椎盾盾片具突起硬嵴。腹甲淡黄色，具棕色细条纹。头部布满淡黄色细条纹，眼后方具黄色较粗斑块。四肢棕灰色，具淡黄色纵条纹，前肢5爪，后肢4爪。尾较短。

【生活习性】生活于小溪、沼泽及有软泥的小河中。杂食性，食鱼、鱼卵和水草等。每年7月产卵，每次8~9枚。卵长径38.3~41.6毫米，短径27.6~30.8毫米。

雌性巴氏图龟的头部（Disrk Stratmann）

雄性巴氏图龟（Disrk Stratmann）

密西西比图龟

【拉 丁 名】*Graptemys kohnii* (Baur, 1890)

【英 文 名】Mississippi Map Turtle

【别　　名】科亨氏图龟

【分类地位】龟科、图龟属

【分　　布】美国得克萨斯州东部到堪萨斯州东南部到密西西比州西部到伊利诺伊州南部及密苏里州的密苏里河下游。我国少量引进。

【形态特征】背甲圆形，棕红色（幼龟），每块盾片均具有黄色细条纹，似地图状。腹甲淡黄色，具棕褐色细条纹。头部棕灰色，头颈部布满黄色细条纹，眼后具月牙形黄色细条纹。四肢棕灰色，布满黄色细条纹。尾短。

【生活习性】属水栖龟类，生活于清澈的河、湖中。杂食性，人工饲养条件下，喜食小鱼、黄粉虫、瘦猪肉及混合饵料。繁殖习性不详。

密西西比图龟的腹面

密西西比图龟

伪 图 龟

【拉 丁 名】*Graptemys pseudogeographica* (Gray, 1831)

【英 文 名】False Map Turtle

【别　　名】丽图龟

【分类地位】龟科、图龟属

【分　　布】美国密苏里河及密西西比河上游盆地。1999年我国少量引进。

【形态特征】背甲圆形，棕灰色，每块盾片上具黄色细条纹，似地图状。腹甲淡黄色，有棕色细条纹。头部布满橘红色或黄色细条纹，眼后具黄色长方形斑块。四肢棕灰色，布满黄色细条纹。尾短。

【生活习性】生活于湖、小溪、河处的潮湿陆地、沼泽地。杂食性，食小鱼、鱼卵和水草等。每年3~7月产卵，每次产卵9~10枚。孵化期75天左右。

伪 图 龟

伪图龟的腹面

卡氏图龟

【拉 丁 名】*Graptemys caglei* Haynes and McKown，1974

【英 文 名】Cagle's Map Turtle

【别　　名】图龟

【分类地位】龟科、图龟属

【分　　布】美国得克萨斯州中南部Guadalupe河及圣安东尼河盆地。1999年我国少量引进。

【形态特征】背甲圆形，黄绿色，每块盾片上布满黄色细条纹，似地图状。腹甲淡黄色，具棕色细条纹。头部深青绿色，具淡黄色条纹，眼后具较粗条纹。四肢布满黄色纵条纹。尾短。

【生活习性】有关生活习性、繁殖习性报道较少。

卡氏图龟的腹面
（Disrk Stratmann）

卡氏图龟（松坂 实）

角陆龟属 *Chersina* Gray,1831

本属仅有惟一的1种,即挺胸角陆龟(*Chersina angulata*)。主要特征: 背甲和腹甲上没有韧带,腹甲上的喉盾仅具单枚,且明显地向前延伸,长度超出背甲前部边缘(图6-27)。

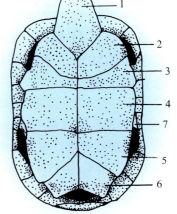

图6-27 挺胸角陆龟的腹甲

挺胸角陆龟

1.喉盾   3.胸盾   5.股盾   7.胯盾
2.肱盾   4.腹盾   6.肛盾

【拉 丁 名】*Chersina angulata* (Schweigger,1812)
【英 文 名】South African Bowsprit Tortoise
【别   名】南非挺胸角陆龟
【分类地位】陆龟科、角陆龟属
【分   布】非洲西南部的纳米比亚和南非共和国。国内未见。
【形态特征】背甲盾片黄色,每块盾片(除缘盾外)的外围镶嵌黑褐色条纹,黑褐色条纹随年龄不断增大,逐渐变粗,盾片中央有一黑色大块斑点,每块缘盾的右边具黑色三角形斑纹,背甲前后缘不呈锯齿状。腹甲黄色,除喉盾外,每块盾片上具黑色不规则的斑纹,喉盾中央具黑色纵条纹(有些个体无)。头顶部褐色,或有少量黄色,具有鳞片。颈部黄色。四肢黑色夹杂黄色,具有鳞片,指、趾间无蹼。尾短。
【生活习性】喜生活在干燥的草地和有灌木丛的陆地。挺胸角陆龟为草食性,喜吃植物,尤其是瓜、果和植物的肉质部分。繁殖季节为8月,每次产卵1~2枚,每年可产4~6次卵。

挺胸角陆龟的腹面 (Mary Vriens)

挺胸角陆龟（Victor Loehr）

穴陆龟属 Gopherus Rafinesque，1832

　　本属现存4种。分布于美国南部和墨西哥北部。主要特征：背甲顶部较平，没有韧带，背甲后部边缘呈锯齿状；腹甲没有韧带，喉盾2枚，腹甲后部边缘缺刻。

阿氏穴陆龟

【拉 丁 名】*Gopherus agassizii*（Cooper,1863）
【英 文 名】Desert Tortoise
【别　　名】沙漠陆龟、沙漠地鼠龟
【分类地位】陆龟科、穴陆龟属
【分　　布】分布于美国南部。
【形态特征】背甲长椭圆形，棕黑色，每块盾片上的年轮极明显，背甲后部边缘呈锯齿状。腹甲较大，喉盾较长，仅有1枚腋盾。头部较短，呈棕褐色，上喙呈钩形。四肢呈棕褐色，前肢扁平，比后肢长。尾短。
【生活习性】喜生活于有仙人掌及有刺植物的干燥环境。草食性，以青草、花和仙人掌为食。每年5~9月产卵，通常每次产卵5~6枚。卵呈圆球形或短圆球形，卵长径45毫米左右，短径40毫米左右。孵化期90~120天。

阿氏穴陆龟（Ron de Bruin）

布氏穴陆龟

【拉 丁 名】*Gopherus berlandieri* (Agassiz,1857)
【英 文 名】Berlandier's Tortoise 或 Texas Tortoise
【别　　名】得州地鼠龟、布兰德氏陆龟
【分类地位】陆龟科、穴陆龟属
【分　　布】美国得克萨斯州南部、墨西哥东北部。
【形态特征】背甲近似圆形，棕褐色，每块椎盾和肋盾中央具淡黄色斑块。腹甲黄色，较大，喉盾较长，腋盾2枚。头部棕黄色或棕褐色，上喙钩形。四肢淡黄色，前肢扁平。尾短。
【生活习性】栖息于荒地，喜在树木茂盛的根部下掘洞躲藏。草食性，以花、叶、茎和果实为主。每年6~7月间产卵，每次产卵1~4枚。卵长椭圆形，白色。卵长径40~53.7毫米，短径29~34毫米。孵化期90余天。

布氏穴陆龟（松坂　实）

珍陆龟属 *Homopus* Duméril and Bibron,1834

珍陆龟属的成员是生活于南非的一些小型陆龟,背甲最长通常为15厘米左右。本属4种。分布于非洲南部。主要特征:背甲顶部较平坦,背甲和腹甲上都没有韧带;腹甲后缘缺刻;头部上喙钩状。

鹰嘴珍陆龟

【拉 丁 名】*Homopus areolatus* (Thunberg , 1787)
【英 文 名】Parrot-beaked Cape Tortoise
【别　　名】鹰嘴陆龟
【分类地位】陆龟科、珍陆龟属
【分　　布】南非。
【形态特征】背甲高拱,但顶部较平坦,背甲棕黄色,边缘呈橘红色。腹甲黄色,有一些黑斑块。头部黄色,前部为橘红色,上喙钩形。四肢黄色,前肢4爪。尾短。
【生活习性】生活于海岸和山谷地区的干燥地带,草食性。每次产卵2~8枚。

鹰嘴珍陆龟（Victor Loehr）

鹰嘴珍陆龟的幼龟（Victor Loehr）

纳米比亚珍陆龟

【拉 丁 名】*Homopus bergeri* Lindholm，1906
【英 文 名】Berger's Cape Tortoise
【别　　名】布氏陆龟
【分类地位】陆龟科、珍陆龟属
【分　　布】纳米比亚西南部。
【形态特征】背甲淡黄色，有黑色杂斑纹，背甲顶部平坦，不呈圆拱形，缘盾12对。腹甲淡黄色，有一些黑色杂斑纹。头部淡黄色，有小的鳞片，上喙钩形。四肢淡黄色，前肢有覆瓦状鳞片。尾短，尾部两侧没有硬结节。
【生活习性】不详。

纳米比亚珍陆龟（Victor Loehr）

斑点珍陆龟

【拉 丁 名】*Homopus signatus* (Gmelin，1789)
【英 文 名】Speckled Cape Tortoise
【别　　名】斑点斗篷龟
【分类地位】陆龟科、珍陆龟属
【分　　布】南非共和国的开普敦西部。
【形态特征】背甲深褐色，具淡黄色放射状条纹和斑纹，背甲顶部平坦，不呈圆拱形，背甲前缘和后缘呈锯齿状，通常只有11~12对缘盾。腹甲淡黄色，有黑色大斑纹和放射状的条纹。头部较小，顶部有小的鳞片，上喙钩形，头、颈部淡黄色，有黑色小斑点。只

斑点珍陆龟（Victor Loehr）

有1枚胯盾。四肢淡黄色，有黑色斑点，前肢有5~6行覆瓦状鳞片，前肢有5个爪。尾短，淡黄色。

【生活习性】生活于热带和亚热带森林中具低矮灌木丛林的干旱地域。其他习性不详。

本属体型最小的成员，有2个亚种。

斑点珍陆龟的成体和人工孵化的稚龟（Victor Loehr）

铰陆龟属 Kinixys Bell,1827

铰陆龟属的成员是龟类动物中惟一背甲具有韧带的种类。本属4种。分布于非洲南部、中部和西部。主要特征：背甲后部有韧带和上缘盾；腹甲没有韧带；上喙钩形。

贝氏铰陆龟

【拉 丁 名】*Kinixys belliana* Gray,1831
【英 文 名】Bell's Hinge-back Tortoise
【别　　名】钟纹陆龟
【分类地位】陆龟科、铰陆龟属

贝氏铰陆龟的背甲后部有韧带，可以关闭或张开

背甲长 16 厘米的蛛陆龟（林　颖）

蛛陆龟的腹面（林　颖）

印支陆龟属 *Indotestudo* Lindholm,1929

Indotestudo 的中文名为缅甸陆龟属（周久发，1992；周婷，1996）、印度陆龟属（傅金钟，1993）、印支陆龟属（赵尔宓，1997），本书采用印支陆龟属为 *Indotestudo* 的中文属名。本属 2 种，即缅甸陆龟和印度陆龟。

印支陆龟属的种检索

1a.没有颈盾，肱盾沟长度是胸盾沟长度的 70% .... 印度陆龟（*Indotestudo forsteni*）

1b.有颈盾，肱盾沟长度与胸盾沟长度相等或比胸盾沟长 ....
.... 缅甸陆龟（*Indotestudo elongata*）

缅甸陆龟有颈盾（喻　强）

印度陆龟无颈盾（李德胜）

缅甸陆龟

【拉 丁 名】*Indotestudo elongata* (Blyth,1853)

【英 文 名】Elongated Tortoise

【别 　 名】黄头象龟、象龟、陆龟、枕头龟、长背陆龟、菠萝龟

【分类地位】陆龟科、印支陆龟属

【分 　 布】国外分布于印度、缅甸、泰国、孟加拉、尼泊尔、马来西亚。国内分布于广西。

【形态特征】背甲淡黄色带有黑色杂斑纹，背甲呈长椭圆形，高拱，中央略平坦。腹甲黄色带有黑色杂斑纹，腹甲后缘缺刻较深。头部黄色，上喙钩形。四肢黄色，具大块鳞片，前肢5爪，后肢4爪。尾短。

【生活习性】属亚热带的陆栖龟类，栖息山地、丘陵及灌木丛林中。草食性为主，少量食动物性食物。自然界中，缅甸陆龟食花、草、野果、鼻涕虫及真菌等。人工饲养条件下，喜食瓜果、蔬菜、瘦肉及猪肝等。每年5月开始交配，6~7月、9月及11月产卵，每次2~4枚。卵长径43~47.8毫米，短径34.1~36.7毫米。卵重35.6~38.1克。

雄性缅甸陆龟的腹甲凹陷

雌性缅甸陆龟的腹甲平坦

产于越南的缅甸陆龟头部为黄色

印度陆龟

【拉 丁 名】*Indotestudo forsteni* (Schlegel and Müller, 1844)

【英 文 名】Travancore Tortoise

【别　　名】黄陆龟

【分类地位】陆龟科、印支陆龟属

【分　　布】国外分布于印度、印度尼西亚。1997年国内少量引进。

【形态特征】印度陆龟的外形与缅甸陆龟非常相似，明显的区别是：印度陆龟无颈盾；缅甸陆龟有颈盾。

【生活习性】属陆栖龟类，喜暖怕寒。野生龟的食性尚无记录。人工饲养条件下，食黄瓜、香蕉、番茄、苹果、白菜叶和西瓜等瓜果蔬菜，也食瘦猪肉、猪肝和鸭肝。但不食甘薯、芹菜、虾和鱼。有关繁殖习性不详。

印度陆龟的腹面

印度陆龟

凹甲陆龟属 *Manouria* Gray,1852

Manouria 中文属名为凹甲陆龟属(周久发，1992；周婷，1996；赵尔宓，1997)、马来陆龟属(傅金钟，1993)，本文采用凹甲陆龟属为 *Manouria* 的中文属名。本属2种，即凹甲陆龟和黑凹甲陆龟。分布于印度东部、越南、中国、马来西亚和印度尼西亚的苏门答腊和婆罗洲。主要特征：背甲椎盾和肋盾中央凹陷，背甲和腹甲均没有韧带，具2枚臀盾(图6-30、图6-31)。

凹甲陆龟属的种检索

1a.背甲通体黑色或橄榄色，背甲后部的缘盾略呈锯齿状，左右胸盾不在腹甲中线相遇，尾部两侧具数枚锥形硬嵴 .... 黑凹甲陆龟 (*Manouria emys*)

1b.背甲通体棕色带有黑色杂斑纹，背甲后部的缘盾呈锯齿状，左右胸盾在腹甲中线相遇，尾部两侧仅有1枚锥形硬嵴 .... 凹甲陆龟 (*Manouria impressa*)

1.喉盾
2.肱盾
3.腋盾
4.胸盾
5.腹盾
6.胯盾
7.股盾
8.肛盾

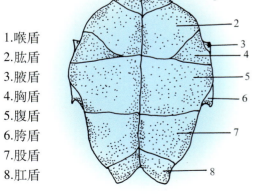

图 6-30　黑凹甲陆龟的腹甲

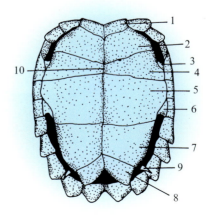

1.喉盾
2.肱盾
3.腋盾
4.胸盾
5.腹盾
6.胯盾
7.股盾
8.肛盾
9.尾部硬嵴
10.胸盾沟

图 6-31　凹甲陆龟的腹甲

赫尔曼陆龟

正在产蛋的赫尔曼陆龟（Ralph Hoekstra）

希腊陆龟

【拉 丁 名】*Testudo graeca* Linnaeus，1758
【英 文 名】Spur-thighed　Tortoise
【别 　 名】欧洲陆龟、刺股陆龟
【分类地位】陆龟科、陆龟属
【分 　 布】欧洲西南部、非洲北部。
【形态特征】背甲圆形，高隆，黄色，有不规则黑色杂斑纹。腹甲黄色带有黑色斑纹。头部黄色，上喙钩形。四肢黄色，后肢内侧有圆锥形硬嵴。尾短，两侧无大型角质鳞片。
【生活习性】栖息于海拔3 000米的干燥地域。草食性，以植物的花、果实和茎叶为主。繁殖季节为4~7月，每次产卵2~7枚。卵长径30~42.5毫米，短径24.5~35毫米。

希腊陆龟的腹面

希腊陆龟（Torsten Blanck）

希腊陆龟的头部（Torsten Blanck）

希腊陆龟

缘翘陆龟

【拉 丁 名】*Testudo marginata* Schoepff，1792
【英 文 名】Marginated Tortoise
【别　　名】陆龟
【分类地位】陆龟科、陆龟属
【分　　布】希腊和阿尔巴尼亚南部。
【形态特征】背甲长圆形，隆起较高，呈淡黄色，具黑色杂斑块；后部缘盾呈荷叶状外翻。腹甲淡黄色，每块盾片上具三角形棕黑色斑块。头部黄色，有小黑斑纹，上喙钩形。四肢黄色，具大型鳞片。尾短，尾末端有一角质鳞片。
【生活习性】生活于有低矮树木林区的干燥地域。草食性，以植物茎叶为主食。人工饲养条件下，喜食各种蔬菜和植物，如空心菜、莴笋、甘蓝、三叶草等。每年 6~7 月产卵，每次产卵 3~11 枚。卵长径 31~37 毫米，短径 27~36 毫米。

6 个月左右的缘翘陆龟（麦树雄）

缘翘陆龟的腹面

2 龄的缘翘陆龟

土陆龟属 *Geochelone* Fitzinger，1835

土陆龟属11种。它们生活于除澳大利亚外的所有赤道国家。主要特征：背甲没有韧带，呈长椭圆形，许多种类有颈盾，臀盾1枚。腹甲没有韧带，肛盾较小，后缘缺刻较深。上喙有细小的锯齿。

红腿陆龟

背甲长7厘米的红腿陆龟腹面

【拉 丁 名】*Geochelone carbonaria* (Spix,1824)

【英 文 名】Red-footed Tortoise

【别　　名】红腿象龟

【分类地位】陆龟科、土陆龟属

【分　　布】巴西、阿根廷、巴拿马、委内瑞拉、哥伦比亚、巴拉圭。

【形态特征】背甲长椭圆形，呈绛黑色，各盾片中央均有淡黄色斑块，缘盾边缘为黄色，前后缘不呈锯齿状。腹甲黄色，有一黑斑块在腹甲中央，肛盾较小。头部黄色或橘黄色，头顶部有大鳞片，喙部黑色。前肢前部有大鳞片，呈红色或橘红色。尾短。

【生活习性】栖息于热带湿草原或森林潮湿地带。杂食性，但以植物为主，如多肉植物、果实和青草。人工饲养条件下，可投喂甘蓝、菠菜和西瓜等瓜果蔬菜。繁殖季节为6~9月，每次产卵2~15枚。

年老的红腿陆龟（William Ho）

红腿陆龟的幼龟（曲　艺）

黄腿陆龟

【拉 丁 名】*Geochelone denticulata* (Linnaeus,1766)

【英 文 名】South American Yellow-footed Tortoise

【别　　名】黄腿象龟

【分类地位】陆龟科、土陆龟属

【分　　布】玻利维亚、巴西、哥伦比亚和委内瑞拉。

【形态特征】背甲长最大可达82厘米，背甲呈长椭圆形，茶色，各盾片中央有棕黄色斑块。腹甲黄色，有褐色斑块在腹甲中央。头部棕黄色。四肢鳞片为橘黄色或淡黄色。尾短。

【生活习性】栖息于热带常绿植物较多的地域，也栖于落叶雨林中。食性和繁殖习性与红腿陆龟相似。

黄腿陆龟的腹面（喻　强）

黄腿陆龟（喻　强）

红腿陆龟（右）和黄腿陆龟（左）的比较（喻　强）

智利陆龟

【拉 丁 名】*Geochelone chilensis* (Gray,1870)
【英 文 名】Chaco Tortoise
【别　　　名】阿根廷象龟
【分类地位】陆龟科、土陆龟属
【分　　　布】阿根廷、巴拉圭。
【形态特征】背甲椭圆形,呈茶色,有大块淡黄色斑纹,顶部平坦,背甲前缘中央凹陷,后缘呈锯齿状。腹甲黄色,有黑色斑纹,后缘缺刻。头部黄色,上喙中央呈钩形。四肢黄色,有鳞片。尾黄色且短。
【生活习性】栖息于热带草原、灌木丛林和沙漠等干燥地域。食性为植物性,以青草、多肉植物和仙人掌等植物为食。繁殖季节为11月至翌年1月,每次产卵1~6枚。卵长径42~49毫米,短径32~38毫米。孵化期为125天左右。

智利陆龟（William Ho）

阿尔达布拉陆龟

阿尔达布拉陆龟的幼龟（曲　艺）

【拉 丁 名】*Geochelone gigantea* (Schweigger,1812)
【英 文 名】Aldabra Tortoise
【别　　　名】象龟、大象龟 、亚达伯拉陆龟
【分类地位】陆龟科、土陆龟属
【分　　　布】非洲东岸的亚达伯拉岛（又称阿尔达布拉岛）。
【形态特征】背甲黑褐色,呈长椭圆形,壳很厚,顶部隆起,有颈盾,仅有1枚臀盾。腹甲黑褐色,前半部比后半部长且窄,1对喉盾较短且厚。头部较小,呈灰褐色。颈部、四肢、尾均为灰褐色。
【生活习性】栖息于西印度洋的亚达伯拉岛上的潮湿环境中。食性以植物性为主,少量捕食肉类。每年11月产卵,每次产卵7~18枚。孵化期为97~115天。
　　世界陆龟类巨大型海岛陆龟之一,体重可达120千克,背甲长达102厘米。

阿尔达布拉陆龟（杉本伸二）

加拉帕戈斯陆龟

【拉 丁 名】*Geochelone nigra* (Quoy and Gaimard , 1824)

【英 文 名】Galapagos Tortoise

【别　　名】大象龟

【分类地位】陆龟科、土陆龟属

【分　　布】加拉帕戈斯群岛。

【形态特征】背甲黑色，呈椭圆形，背甲隆起较高，无颈盾，背甲前缘呈锯齿状，但不向上翻卷，背甲后缘呈锯齿状且向上翻卷。腹甲黑色，虽较大，但比背甲小，1对喉盾不超过背甲边缘，腹甲后缘缺刻。头部略小，上喙呈钩形。四肢黄灰色，前肢鳞片较大。尾短。

【生活习性】栖息于潮湿的陆地区域，草食性。每年4~12月为繁殖季节，每次产卵3~16枚。卵长径56~63毫米，短径56~58毫米。

世界陆龟类巨大型海岛陆龟之一，体重可达170千克，背甲长130厘米。

加拉帕戈斯陆龟（Mary Vriens）

美国洛杉矶动物园内，重 200 千克的加拉帕戈斯陆龟（William Ho）

豹 龟

【拉 丁 名】 *Geochelone pardalis* (Bell, 1828)

【英 文 名】 Leopard Tortoise

【别　　名】 豹纹龟

【分类地位】 陆龟科、土陆龟属

1 月龄的豹龟（William Ho）

【分　　布】 非洲东部和南部。

【形态特征】 背甲椭圆形，隆起较高，黑色或淡黄色，每块盾片上具乳白色或黑色斑纹，似豹纹，无颈盾。腹甲淡黄色，胸盾沟极短，后缘缺刻。头部较小，呈黄色，上喙钩形。四肢淡黄色，前肢前缘有大块鳞片。尾短，黄色。

【生活习性】 栖息于草原、丛林灌木周边干燥地区。草食性，以植物的叶、果实为食。人工饲养条件下，喜食莴苣、甘蓝、生菜和西瓜等瓜果蔬菜。夏季是繁殖的季节，每次产卵 6~15 枚。卵白色，圆球形，直径为 36~40 毫米。孵化期较长，可达 10~15 个月。

　　豹龟背甲的底色不同，可分为白豹龟和黑豹龟。背甲长可达 72 厘米。

法国岗法洪龟鳖村内的豹龟

豹龟的腹面

豹龟的背甲斑纹似豹纹

苏卡达陆龟

【拉 丁 名】*Geochelone sulcata* (Miller,1779)

【英 文 名】African Spurred Tortoise

【别　　名】南非陆龟、苏卡达象龟

【分类地位】陆龟科、土陆龟属

【分　　布】非洲中部，西起毛里塔尼亚、塞内加尔，向东到埃塞俄比亚。

【形态特征】背甲褐色（幼龟为绛红色，每块盾片上有淡黄色斑块），呈椭圆形，背甲隆起较高，中央平坦，无颈盾，背甲前缘缺刻较深，背甲前后缘盾均呈锯齿状。腹甲淡黄色，喉盾较厚且较突出，腹甲后缘缺刻。头部灰褐色（幼龟呈淡黄色），头部鳞片较小，上喙钩形。四肢淡灰褐色，前肢前缘有大鳞片。尾短，臀部具发达小刺状硬崤。

【生活习性】一种巨大型陆龟，属世界上第三大陆龟，但在非海岛型陆龟中，属第一大陆龟，其背甲长可达76厘米。苏卡达陆龟栖息于沙漠周边或热带草原等开阔干燥的地域。杂食性，但以植物性为主，多肉植物、青草、植物茎叶等都是它的食物。人工饲养条件下，喜食各种瓜果蔬菜，如空心菜、甘蓝、胡萝卜和西瓜等。无冬眠期，每年秋季和冬季产卵，每次1～17枚。卵呈白色，圆球形，直径为41～44毫米。孵化期为7个月。

背甲长30厘米的苏卡达陆龟

2～4月龄的苏卡达陆龟

背甲长8厘米的苏卡达陆龟（麦树雄）

苏卡达陆龟的腹面

安哥洛卡陆龟

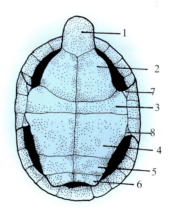

1.喉盾
2.肱盾
3.胸盾
4.腹盾
5.股盾
6.肛盾
7.腋盾
8.胯盾

图6-32　安哥洛卡陆龟的腹甲

【拉 丁 名】*Geochelone yniphora* (Vaillant , 1885)

【英 文 名】Northern Madagascar Spur Tortoise，Angoroka

【别　　名】安哥洛卡象龟、马达加斯加北部陆龟

【分类地位】陆龟科、土陆龟属

【分　　布】马达加斯加西北部。

【形态特征】背甲土黄色，具褐色斑纹，每块缘盾上有暗黑色三角形条纹（成体为灰黄色），圆形，顶部隆起很高，呈圆顶状，颈盾小。腹甲淡黄色，前半部比后半部大，喉盾特别突出。头部黄色，较小，上喙钩形。四肢黄色，前肢具大的鳞片。尾黄色且短（图6-32）。

【生活习性】栖息于干燥热带草原或海岸附近的低矮灌木环境中。草食性，以植物茎叶和果实为食。

　　土陆龟属中较特殊的一种，其喉盾连在一起。据有关资料报道，野生安哥洛卡陆龟现存数量已不超过400只。

安哥洛卡陆龟（William Ho）

印度星龟

【拉 丁 名】*Geochelone elegans* (Schoepff,1794)
【英 文 名】Indian Star Tortoise
【别　　名】星龟
【分类地位】陆龟科、土陆龟属
【分　　布】斯里兰卡、印度、巴基斯坦。
【形态特征】背甲深棕色，每块盾片上均有淡黄色放射状花纹（每一只个体的背甲放射状花纹均不相同，似星星状），背甲呈长椭圆形，顶部隆起，无颈盾，背甲前后边缘呈锯齿状。腹甲深棕色，具淡黄色放射状花纹，具2枚喉盾，后缘缺刻。头部黄色与黑色镶嵌，上喙呈钩形。四肢黄色与褐色镶嵌，前肢具大块鳞片。尾短。
【生活习性】喜暖怕寒，常生活于灌木丛、沙漠边缘部的干燥地。人工饲养下，食植物茎叶和瓜果菜叶，如番茄、苹果、甘蓝叶等。每年4~11月为繁殖期，每次产卵2~10枚。卵长径38~52毫米，短径27~39毫米。孵化期147天左右。

印度星龟成体的腹面（William Ho）

印度星龟的成体（William Ho）

背甲长 10 厘米的印度星龟

印度星龟的幼龟腹面（芦　严）

印度星龟的幼龟（芦　严）

缅甸星龟

【拉 丁 名】*Geochelone platynota* (Blyth,1863)

【英 文 名】Burmese Star Tortoise

【别　　名】星龟

【分类地位】陆龟科、土陆龟属

【分　　布】缅甸南部。

【形态特征】背甲长椭圆形，呈绛红色，每块盾片上均有淡黄色斑块和放射状条纹，每块椎盾上有淡黄色六角形斑纹，斑纹左右对称，每边由 3 条淡黄色条纹组成，背甲前后缘略呈锯齿状。腹甲淡黄色，有对称大块褐色斑块，腹甲后缘缺刻较深。头颈部呈黄色，头顶具鳞片。四肢淡黄色，布满大小不一的鳞片，前肢 5 爪，后肢 4 爪。尾短，淡黄色。

【生活习性】栖息于灌木丛中，以草食性为主。人工饲养条件下，喜食各种瓜果蔬菜和多肉型植物。繁殖季节为 2 月，每次产卵 1~5 枚。卵长径 55 毫米，短径 40 毫米。

缅甸星龟的头部（麦树雄）

重5千克的缅甸星龟（侯　勉）

缅甸星龟的幼龟（麦树雄）

缅甸星龟的腹面

（十三）鳖科 TRIONYCHIDAE Fitzinger , 1826

鳖科已知14属22种。分为2个亚科，即盘鳖亚科和鳖亚科。分布于亚洲、非洲和北美洲。主要特征：背甲体表没有角质盾片，覆盖柔软的革质皮肤。头颈均能缩入壳内，上下颚有肉质软唇，吻突呈管状。四肢扁平，具发达蹼（图6-33、图6-34）。

1.颈板
2.椎板
3.肋板
4.上臀板
5.臀板
6.革质皮肤
7.裙边

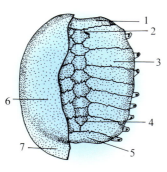

图 6-33　鳖的背甲和骨板

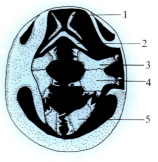

1.上板
2.内板
3.舌板
4.下板
5.剑板

图 6-34　鳖的腹甲和骨板

鳖科的亚科检索

1a.腹甲后叶股部有可以覆盖后肢的半月牙形肉质叶状物 ..... 盘鳖亚科 Cyclanorbinae（图 6-35）

1b.腹甲后叶股部没有可以覆盖后肢的半月牙形肉质叶状物 .... 鳖亚科 Trionychinae（图 6-36）

1.胼胝
2.肉质叶状物

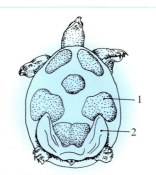
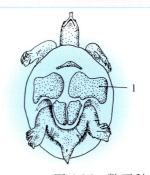

1.胼胝

图 6-35　盘鳖亚科（以缘板鳖为例）　　　　图 6-36　鳖亚科（以中华鳖为例）

盘鳖亚科 Cyclanorbinae　Lydekker,1889

盘鳖亚科有3属5种，分布于非洲、巴基斯坦、印度和缅甸。主要特征：腹甲后部有半月牙形肉质叶状物。

盘鳖亚科的属检索

1a.有缘板，产于印度和缅甸 .... 缘板鳖属（*Lissemys*）

1b.无缘板，产于南非 2

2a.椎板呈一列且连续排列，眶后骨呈拱形，比眼窝的直径宽，上板短且直 .... 圆鳖属（*Cycloderma*）

2b.椎板不连续排列，眶后骨比眼窝的直径窄，上板长且呈一定的角度 .... 盘鳖属（*Cyclanorbis*）

中华鳖的卵

产于安徽的中华鳖

砂　鳖

【拉丁名】*Pelodiscus axenaria* Zhou , Zhang , and Fang , 1991
【英文名】Sand Softshell Turtle
【别　　名】铁壳鳖、灰壳鳖
【分类地位】鳖科、鳖亚科、华鳖属
【分　　布】中国湖南省。
【形态特征】体型较小，一般为100~300克，很少超过500克。背甲黑褐色，呈圆扁形，无疣粒或拱起嵴棱，裙边较宽扁。腹甲黄白色（幼鳖腹甲为灰黑色），中下部常有一黑色斑块。头较尖，吻发达，吻突长约等于宽而明显大于眼径。四肢灰褐色，蹼发达。尾短。

砂鳖的腹面（周工健）

【生活习性】据周工健等人1991年报道，生活于砂砾石底质的江河、溪流中，喜群居而多晚间活动。肉食性，以小型螺为主食。人工饲养条件下，以鱼、虾等饵料为食。体重100克左右性成熟。每年6~8月为产卵繁殖期，每次产卵2~11枚不等。自然条件下孵化需50~70天。

　　砂鳖系周工健、张轩杰、方志刚于1991年命名。砂鳖是否是一新种，目前尚存争议。

砂鳖（周工健）

小 鳖

【拉 丁 名】*Pelodiscus parviformis* Tang , 1997
【英 文 名】Small Softshell Turtle
【别　　名】沙鳖、红肚鳖
【分类地位】鳖科、鳖亚科、华鳖属
【分　　布】中国湖南、广西。
【形态特征】体型较小，通常为100~115.6毫米，背甲为暗绿色或暗褐色，有近似蝴蝶形或不规则形的黑色斑纹，背甲近似圆盘状，覆盖革质膜较薄，可印出骨板，表面具许多疣状突起，裙边及肩部有颗粒疣状突起。腹甲白色或淡黄色。头部颜色与背甲相近，大小适中，吻突呈管状。四肢粗短，每肢具5指（趾），指、趾间具蹼。尾短。

小鳖（唐业忠）

【生活习性】据唐业忠1997年报道，生活于江河、溪流之中，对环境尤其是水质的要求很高，离开分布区域较难存活。主食螺和小鱼等。每年7月在浅水区域活动，8月在河道中部活动，9月移至深水潭，10月进入冬眠期，翌年3月出蛰，在当地麦黄季节产卵。

　　小鳖系唐业忠于1997年命名。小鳖是否是一新种，尚存争议。

小鳖（唐业忠）

软鳖属 *Apalone* Rafinesque,1832

　　本属3种，分布于北美。主要特征：腹甲上有4枚或更多的胼胝体，上板延伸的部分较短，颈板宽小于长的1/3。8对肋板缩小或无，具有8个或9个椎盾。

佛罗里达鳖

【拉 丁 名】*Apalone ferox* (Schneider, 1783)
【英 文 名】Florida Softshell Turtle
【别　　名】珍珠鳖
【分类地位】鳖科、鳖亚科、软鳖属
【分　　布】美国。
【形态特征】背甲橄榄绿色或灰褐色，有黑色斑点，呈长椭圆形，背甲前缘较圆滑，有数列疣粒，背甲周围有一条淡黄色条纹（幼鳖更明显）。腹甲灰白色。头部橄榄绿色，两侧具淡黄色条纹，吻突较长。四肢橄榄绿色，有角质肤褶，指、趾间具发达蹼。尾短。

随着年龄增大，佛罗里达鳖的腹面颜色变浅灰色

【生活习性】生活于湖、河等淡水水域，杂食性，以无脊椎动物为食。人工饲养下，捕食小鱼苗、红虫及混合饵料。在佛罗里达，每年3月中旬到7月是繁殖季节，每次产卵4~23枚。卵呈圆球形，直径为24~32毫米。孵化期为60~70天。

佛罗里达鳖的幼鳖

幼佛罗里达鳖腹面黑色

佛罗里达鳖

刺鳖

【拉 丁 名】*Apalone spinifera*（LeSueur,1827）
【英 文 名】Spiny Softshell Turtle
【别　　名】角鳖
【分类地位】鳖科、鳖亚科、软鳖属
【分　　布】北美（加拿大最南部至墨西哥北部间）。
【形态特征】背甲圆形，呈橄榄绿色，具黑色眼斑状斑纹，背甲表面如砂纸般粗糙；因其背甲前缘有棘状突起，故名刺鳖。腹甲淡白色或黄色。头颈部呈橄榄色，头侧部有淡黄色且镶嵌黑色的条纹。四肢橄榄绿色，具发达蹼。尾短。有7个亚种。
【生活习性】栖息于河川或湖泊中，喜食肉性食物，通常以小鱼类、甲壳类等小动物为食。每年5~8月为繁殖季节，每次产卵4~32枚。卵呈圆球形，白色，直径约为28毫米。

刺鳖的头部（Michael Nesbit）

刺鳖（Michael Nesbit）

小头鳖属 *Chitra* Gray,1844

本属仅1种，分布于亚洲。主要特征：体型大，但头部较小，眼极小。

小头鳖

【拉 丁 名】*Chitra indica* (Gray,1831)
【英 文 名】Narrow-headed Softshell Turtle
【别　　名】印度纹背鳖
【分类地位】鳖科、鳖亚科、小头鳖属
【分　　布】印度、缅甸、泰国和巴基斯坦。
【形态特征】体型较大，背甲长可达115厘米。背甲圆形，顶部扁平，呈灰绿色，具褐色条纹。腹甲白色，有胼胝体。头部极小，自头部至颈部到背甲，有褐色条纹，呈放射状延伸出去。四肢灰绿色，布满褐色条纹，四肢侧部有肤褶，指、趾间具蹼。尾短。

斑鳖属 *Rafetus* Gray,1864

本属2种，分布于亚洲。其中斑鳖仅产于中国上海。主要特征：腹甲只有2个胼胝体。

斑　鳖

【拉 丁 名】*Rafetus swinhoei* (Gray,1873)
【英 文 名】Swinhoe's Softshell Turtle，Shanghai Softshell Turtle
【别　　名】斯氏鳖
【分类地位】鳖科、鳖亚科、斑鳖属
【分　　布】中国上海。
【形态特征】背甲长达33厘米。背甲为橄榄绿色，缀有许多黄色大小不一的斑点，背甲呈长椭圆形，表面光滑。腹甲灰色，在舌板和下板上只有2个胼胝体。头部呈暗橄榄绿色，有黄色斑点。四肢具发达蹼。尾短。
【生活习性】不详。

斑鳖的头部

　　斑鳖系Gray于1873年命名，模式标本采集于上海。斑鳖虽被发现有100多年，但有关报道甚少。

上海动物园内，重50千克的斑鳖

七、畸形、色变和其他龟鳖

　　龟鳖是动物界中较特殊的类群。自然界中一些龟鳖动物受地理环境、水质等因素影响，使它们的甲壳、体色等部位发生变异。我们通常依据它们自身的特征而取名，事实上这些畸形、色变龟鳖的种名是乌龟、中华鳖等种类。

白 龟

　　白龟通体白色，故名。白龟的体内缺少酪氨酸酶，不能形成黑色素，结果形成白化个体。

印度黑龟的白化个体腹面
（侯　勉）

印度黑龟的白化个体（侯　勉）

印度棱背龟的白化个体

印度棱背龟的白化个体腹面

驼背鳖

驼背鳖背甲脊椎中部隆起，似驼峰，故名。驼背鳖是中华鳖的畸形。

驼背鳖

六腿鳖

六腿鳖的背甲后部长有两只腿，虽不完整，但爪清晰可见。六腿鳖是中华鳖的畸形。

六腿鳖

双头龟

双头龟有2个头，4只脚，1个背甲及腹甲，故名。也是一种畸形。

双头龟

2000 年，泰国曼谷渔农处展出的双头鳖

双头鳖

2000 年 7 月 13 日，在泰国曼谷的渔农处总部展出一只双头畸形鳖。

金　鳖

金　鳖

金鳖通体金黄色，有些个体呈深橘黄色，故又名红鳖，系中华鳖的黄色变异。

金鳖的腹面

白　鳖

白　鳖

白鳖通体白色，眼睛为黑色，系中华鳖的白化个体。

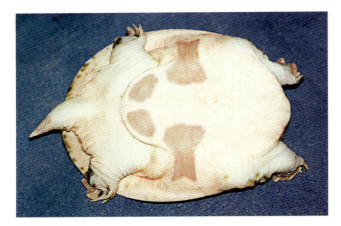

白鳖的腹面

白化不完全的白鳖

蛇　龟

　　蛇龟背甲缘盾向外翻卷且隆起，似一条蛇盘于背甲上，故名。蛇龟系乌龟（雌性）的畸形。1987年，湖南省曾发现9只蛇龟。

蛇龟的腹面

蛇　龟（李德胜）

凸　龟

　　龟背甲中央凸起，似驼峰，故名凸龟。照片系黄喉拟水龟的凸龟畸形。

凸龟的腹面

黄喉拟水龟的背甲凸起

凹　龟

　　凹龟背甲中部向内凹陷，故名。系红耳彩龟的畸形。

红耳彩龟背甲中央凹陷（喻　强）

239

元宝龟

　　元宝龟背甲缘盾向上翻卷，似甘蓝，背甲呈元宝形，故名。照片系安布闭壳龟的畸形。

元宝龟的腹面（李德胜）

元宝龟（李德胜）

绿毛龟

　　绿毛龟是一种珍奇的观赏动物，是动植物相结合的一个整体，素有"水中翡翠"的美称。

　　绿毛龟是基枝藻附生在龟壳上形成的一种龟藻共生的生物体，并非龟天生就有的。目前，自然界中已很难发现天然绿毛龟，现大多由人工培植而成。

绿毛龟

方壳龟

　　南京一养龟爱好者饲养一只方壳龟。方壳龟背甲的长和宽几乎等长，故名。照片中的方壳龟系乌龟（雌性）的畸形。

方壳龟的腹面

方 壳 龟

金 银 龟

　　黄喉拟水龟每块背甲、腹甲盾片间，新生长出的盾片呈淡黄色或乳黄色，镶嵌于每块盾片间，似金银线缠绕，故名。

金银龟的腹面

金 银 龟

秉志先生 1958 年摄于北京家中
（后立者为赵尔宓）

秉志（1886 — 1965）　　男，字农山，原名翟秉志，满族，河南省开封市人。1909 年京师大学堂毕业，1918 年获美国康奈尔大学博士学位。1921 年在南京高等师范创办了中国第一个生物系。1922 年创办了中国第一个生物学研究机构——中国科学社生物研究所，1927 年创办北平静生生物调查所。历任南京高师、东南大学、厦门大学等大学及研究所的教授、研究员。1955 年当选为中国科学院生物学部委员（院士）。他为中国生物科学作出了开拓性的贡献，是中国现代动物学的主要奠基人。秉志学识渊博，研究领域广泛。对动物区系分类学、形态学、生理学、昆虫学、古生物学等方面都有卓著成就。他 1930 年发表的"河南安阳之龟壳"一文是我国早期的研究龟鳖类动物分类的论文。

毛寿先　　男，1922 年 9 月 8 日出生于河北省遵化县。1945 年毕业于陕西国立西北大学生物系。1945 —1991 年在台湾省国防医学院生物解剖学科先后任助教、讲师、副教授、教授。有关龟鳖著作如下：

毛寿先先生

1.Mao,S.H.1971.Turtle of Taiwan, Commercial Press, LTD, Taipei, Taiwan。

2.Chen,B.Y and S.H.Mao and Y.H.Ling, 1980.Evolutionary relationships of turtles suggested by immunological cross-reactivity of albumins.Comp. Biochem.Physiol.66B:421～425.

3.Chen,B.Y. and S.H.Mao, 1981.Hemoglobin fingerprint correspondence and relationships of turtles. Comp. Biochem. Physiol.68B:497～503.

4.Mao,S.H. and B.Y.Chen, 1982. Serological relationships of turtles and Evolutionary implications. Comp. Biochem. Physiol. 71B:173～179.

5.Mao,S.H.,W.Frair,F.Y.Yin and Y.W.Guo, 1987 . Relationships of some cryptodiran turtles as suggested by immunological cross-reactivity of serum albumins. Biochem.Syst.Ecol.15(5):621～627.

叶祥奎先生

叶祥奎　男，1926年12月出生，浙江温州人。1955年毕业于南京大学，当年考取中国科学院第一届副博士研究生，师从我国古脊椎动物学奠基人杨钟键教授，学成后一直在中国科学院古脊椎动物与古人类研究所从事科研工作，曾研究过古鱼类、古鳄类、古鸟类和古龟鳖类，尤以古龟鳖类见长。曾任研究室主任、学位委员会委员、研究生导师等职。40年来曾在国内外发表中、外文专著、论文、译书、科普文章180多篇（本）。先后荣获国家科技二等奖和两项中国科学院三等奖；并于1987年作为亚洲惟一代表参加在纽约举行的国际古龟鳖学学术研讨会，宣读论文。他的研究成就，为我国古龟鳖学奠定了系统研究的基础，是我国迄今惟一的古龟鳖学专家，终身享受国务院特殊津贴。

赵尔宓　男，满族。研究员。中国科学院院士。1930年出生于四川成都，1951年毕业于成都华西大学生物学系。我国及世界著名两栖爬行动物学专家，世界自然保护联盟中国两栖爬行动物专家组主席。先后在哈尔滨医科大学及四川医学院执教14年，1965年起到中国科学院成都生物研究所从事两栖爬行动物研究，发表论文180余篇，编写著作30余种。在龟鳖方面研究的成就有：

赵尔宓院士在野外

1.1973年报道我国新疆四爪陆龟新记录。

2.1986年撰写"我国龟鳖目校正名录及地理分布"。

3.1990年命名新种周氏闭壳龟。

4.1992年承担《中国龟鳖图集》一书的英文翻译工作。

5.1997年发表"中国龟鳖动物的分类与分布研究"及"金头闭壳龟饲养下产卵一例"。

6.主编《中国龟鳖研究》一书，对促进我国龟鳖类动物研究的发展作出贡献。

7.1995年应邀赴法国出席首届世界龟鳖保护大会，作了题为"中国的龟鳖及保护现状"报告。

周久发先生

周久发 男，汉族。1938年生，江苏人。高级工程师。世界自然保护联盟(IUCN)中国两栖爬行动物专家组成员、南京龟鳖自然博物馆创建人、南京龟鳖研究会会长、原南京乌龙潭公园管理处主任兼书记。在龟鳖动物方面的贡献：

1. 1989年创建中国第一家龟鳖博物馆——南京龟鳖自然博物馆。

2. 1990年发现新种，经中国科学院成都生物研究所赵尔宓院士鉴定并命名为"周氏闭壳龟"，以对他创建中国第一个龟鳖博物馆、推动龟鳖类动物研究做出的贡献表示崇敬与纪念。

3. 1992年编著中国第一本《中国龟鳖图集》，该书荣获1992年度华东地区科技优秀图书二等奖。

4. 1994年倡议并筹办中国第一个龟鳖研究社会团体——南京龟鳖研究会。

5. 1997年参加编著《中国龟鳖研究》论文集。

6. 1999年倡议并主办了中国南京首届龟鳖节。

程一骏先生

程一骏 男，1953年7月生，籍贯江西省。1976年5月毕业于台湾海洋大学渔业系，1983—1988年毕业于美国纽约州立大学海洋研究中心，先后获硕士、博士学位。现任台湾海洋大学海洋生物研究所教授，从事海产龟类的研究，是我国第一位研究海产龟类的专家。世界自然保护联盟中国两栖爬行动物专家组成员、世界自然保护联盟海龟专家组成员、《科学月刊》编辑委员会委员、中国第二届蛇蛙研究专刊编辑委员（1998—2000年）、台湾海洋生物馆筹备处筹建规划咨询委员（1998—1999年）、印度Andhra University博士班通讯审查委员、台湾科学教育馆大众科学讲座讲席、台湾基隆市公害纠纷调查委员会委员、亚太经合组织（APEC）海洋资源保护（MRC）工作组生物咨询小组成员、台湾省水产学会会员。有关海龟部分著作论文：

1. 1996年撰写《海龟生态解说手册》。

2. 1997年撰写《中国海产龟的研究》。

3. 1998年撰写《海龟洄游之谜》。

4. 1998年撰写《台湾濒临绝种的海龟》。

（二）由中国人命名的龟鳖

　　龟鳖类动物虽有着悠久的历史，但我国对龟鳖动物的研究却较零星。世界现生270种龟鳖中仅有5种由中国人命名；中国现生38种龟鳖动物中，仅有4种是中国学者在1934 — 1990年间发现、命名并被认可。现以他们的发表年代为顺序介绍如下。

日本地龟

　　地龟属有2种，即地龟、日本地龟。其中日本地龟虽产于日本，却是由中国广州中山大学范曾浩教授于1931年命名的地龟亚种（*Geoemyda spengleri japonica*）上升而来。近年来，日本学者研究得出结论，认为地龟亚种与地龟指名亚种有明显差别，因此将地龟亚种上升为种，称日本地龟（*Geoemyda japonica*）。

日本地龟（Masami Hinoue）

大头乌龟

　　大头乌龟是方炳文先生于1934年依南京标本命名的种。因大头乌龟的头部较大，故名。

大头乌龟

（二）中华人民共和国野生动物保护法

中国是世界上野生动物种类最多的国家之一，保护生物多样性，保护野生动物，是我们的责任和义务。1988年11月，第七届全国人大常务委员会第四次会议通过了《中华人民共和国野生动物保护法》。不久，又颁布了与之相配套的《国家重点保护野生动物名录》。有12种龟鳖类动物被列为国家一、二级保护动物。

《中华人民共和国野生动物保护法》的封面

龟鳖类动物保护名录

序号	中文名	拉丁名	级别
1	鼋	*Pelochelys cantorii*	I
2	四爪陆龟	*Testudo horsfieldii*	I
3	凹甲陆龟	*Manouria impressa*	II
4	云南闭壳龟	*Cuora yunnanensis*	II
5	三线闭壳龟	*Cuora trifasciata*	II
6	地龟	*Geoemyda spengleri*	II
7	蠵龟	*Caretta caretta*	II
8	绿海龟	*Chelonia mydas*	II
9	玳瑁	*Eretmochelys imbricata*	II
10	丽龟	*Lepidochelys olivacea*	II
11	棱皮龟	*Dermochelys coriacea*	II
12	山瑞鳖	*Palea steindachneri*	II

（三） 中国濒危动物红皮书

　　国家环保局在发起编写《中国濒危植物红皮书》之后，又发起编写《中国濒危动物红皮书》。该书1998年由科学出版社出版发行。

　　《中国濒危动物红皮书》由汪松研究员主持。全书分为4卷，即兽类、鸟类、两栖类和爬行类、鱼类。其中两栖类和爬行类一卷由赵尔宓研究员主编。濒危动物红皮书是红色资料的意思，是通过发表这些物种濒危现状，引起社会公众的关注。

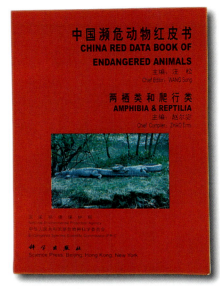

《中国濒危动物红皮书》两栖类和爬行类卷封面

《中国濒危动物红皮书》中的龟鳖类动物濒危等级名录

序号	中文名	拉丁名	濒危等级
1	平胸龟	*Platysternon megacephalum*	濒危
2	大头乌龟	*Chinemys megalocephala*	濒危
3	乌龟	*Chinemys reevesii*	依赖保护
4	黑颈乌龟	*Chinemys nigricans*	濒危
5	眼斑龟	*Sacalia bealei*	濒危
6	拟眼斑龟	*Sacalia pseudocellata*	数据缺乏
7	四眼斑龟	*Sacalia quadriocellata*	濒危
8	黄喉拟水龟	*Mauremys murica*	濒危
9	艾氏拟水龟	*Mauremys iversoni*	数据缺乏
10	周氏闭壳龟	*Coura zhoui*	数据缺乏
11	百色闭壳龟	*Coura mccordi*	数据缺乏
12	三线闭壳龟	*Cuora trifasciata*	极危

(续)

序号	中文名	拉丁名	濒危等级
13	金头闭壳龟	*Cuora aurocapitata*	极危
14	云南闭壳龟	*Cuora yunnanensis*	野生绝灭
15	潘氏闭壳龟	*Cuora pani*	极危
16	中华花龟	*Ocadia sinensis*	濒危
17	菲氏花龟	*Ocadia philippeni*	数据缺乏
18	缺颌花龟	*Ocadia glyphistoma*	数据缺乏
19	黄缘盒龟	*Cistoclemmys flavomarginata*	濒危
20	黄额盒龟	*Cistoclemmys galbinifrons*	濒危
21	锯缘龟	*Pyxidea mouhotii*	濒危
22	齿缘龟	*Cyclemys dentata*	濒危
23	地龟	*Geoemyda spengler*	濒危
24	缅甸陆龟	*Indotestudo elongata*	濒危
25	凹甲陆龟	*Manouria impressa*	濒危
26	四爪陆龟	*Testudo horsfieldii*	极危
27	绿海龟	*Chelonia mydas*	极危
28	丽龟	*Lepidochelys olivacea*	极危
29	蠵龟	*Caretta caretta*	濒危
30	玳瑁	*Eretmochelys imbricata*	极危
31	棱皮龟	*Dermochelys coriacea*	极危
32	中华鳖	*Pelodiscus sinensis*	易危
33	山瑞鳖	*Palea steindachneri*	濒危
34	鼋	*Pelochelys cantorii*	野生绝灭
35	斑鼋	*Pelochelys maculatus*	未予评估
36	斑鳖	*Rafetus swinhoei*	野生绝灭

注：斑鼋是斑鳖的同物异名。

（四）　国家保护的、有益的或者有重要经济、科学研究价值的陆生野生动物名录

　　自1989年《野生动物保护法》实施以来，我国一大批珍贵、濒危野生动物得到有效保护，但随着经济飞速发展，对野生动物资源需求量增大，栖息地急剧减少，许多原来不属濒危的野生动物又面临着极大威胁。国家林业局组织各方面专家，经过多次论证提出了现阶段迫切需要加强管理的野生动物种类。于2000年8月1日，国家林业局依法发布了《国家保护的有益的或者有重要经济、科学研究价值的陆生野生动物名录》（简称《三有名录》）。这是我国依法保护管理野生动物资源的又一重要基础性法规。它的颁布使我国法定保护的野生动物种类得以全面明确，并依法采取保护管理措施。

　　《国家保护的有益的或者有重要经济、科学研究价值的陆生野生动物名录》中将中国现存38种龟鳖动物均收入（除《国家重点保护野生动物名录》中已列为保护的龟鳖种类除外）。

本书主编周婷参加了论证会

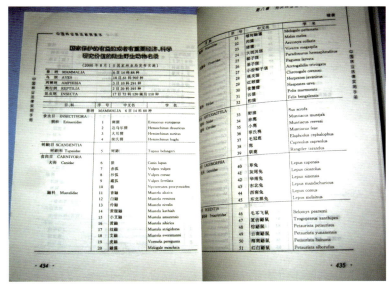

《国家保护的、有益的或者有重要经济、科学研究价值的陆生野生动物名录》

257

十、中外龟鳖动物机构

（一）惠东港口海龟国家级自然保护区
（National Gangkou Sea-turtle Nature Reserve,Guangdong,China）

　　惠东港口海龟国家级自然保护区成立于1985年，1992年经国务院批准升格为国家级保护区，2002年被列入《国际重要湿地名录》，成为我国仅有的21个国际重要湿地保护区之一。

　　保护区位于稔平半岛大星山南麓，坐落于一个三面环山、南面临海的半月牙形海湾内。这里自古以来就是海龟上岸产卵的天然场所，故当地人称之为"海龟湾"，它也是我国大陆18 000公里海岸线上海龟的最后一张产床。多年来，保护绿海龟安全上岸产卵近1 000头次、产卵60 000多枚；常年接收渔民误捕或发现的病龟，并及时进行救护和治疗，待其康复后再放流大海。保护区在绿海龟人工养殖、人工孵化与种群数量监测上做了大量工作，并不断加强国内外交流合作，不断改进管护技术，使绿海龟人工养殖成活率达到了90%左右。在生物多样性保护、科研及环境教育上发挥了重要的作用，取得显著的生态和社会效益，多次受到国际自然保护联盟（IUCN）和国家有关部门嘉奖。

惠东港口海龟国家级自然保护区大门（古河祥）

卫星追踪绿海龟洄游（古河祥）

绿海龟放流（古河祥）

（二）南京龟鳖自然博物馆 （The Nanjing Turtle & Tortoise Museum）

　　南京龟鳖自然博物馆是目前国内惟一专业收藏、养殖和研究龟鳖动物的机构。由周久发先生创建于1989年，占地面积2 000平方米。馆内由龟鳖史研究厅、龟鳖文化厅、中国龟鳖厅、世界龟鳖厅、海龟厅等组成。收藏中外龟鳖活体80余种，数量千只以上。馆内有国家一级保护动物四爪陆龟；二级保护动物山瑞鳖、地龟等；有罕见的蛇龟。最大的淡水龟是50千克的马来巨龟；最小的活龟仅有3克重。

　　南京龟鳖自然博物馆开放10多年来，共接待中外游客近百万人次。馆内丰富的展品使游客赞不绝口，堪称"天下一绝"。

南京龟鳖自然博物馆

（三）南京龟鳖研究会（The Nanjing Association for Studying Turtles）

南京龟鳖研究会由周久发、黄成、周婷等人发起，于1994年10月18日经南京市民政局社团处批准成立。它是龟鳖科学研究工作者、爱好者的群众性的学术团体。该会认真贯彻野生动物保护法，积极推动龟鳖动物科学研究与学术交流，保护龟鳖资源，宣传龟鳖文化。

南京龟鳖研究会现有会员100余人，会员中有国内从事龟鳖研究的著名学者、大专院校的教师、还有龟鳖养殖户及业余爱好者等。该研究会每2年召开一次会员代表大会，每年定期印发4期简报，不定期召开龟鳖类动物保护与养殖的学术交流与研讨活动，不定期赠送有关龟鳖资料及书籍。

近年来，龟鳖研究会的影响越来越大，不断发展壮大，得到了国家、省、市有关部门的大力支持，申请加入研究会的人越来越多。

该会联系地址：江苏省南京市广州路215－2号2幢3单元305室

邮编：210029

E-mail:zhouting@pxtx.com

电话：025 － 83739782

南京龟鳖研究会1997年年会

（四）佛山龟鳖研究会 （The Fushan Association for Studying Turtles）

佛山龟鳖研究会由欧灶流、林廷荣、蓝建等人共同发起，经佛山市民政局批准，于 2003 年 12 月 27 日成立，现有会员 60 余人。它是我国第二家、广东省首家龟鳖研究会。

该会坚持实事求是的科学态度，团结和带领全体会员积极开展龟鳖类动物研究和学术交流，积极推广会员的科研成果；同时加强同国内外同行的联系和交流，力争把它办成龟鳖研究的中心和联结广大爱龟人士的桥梁，为促进我国龟鳖业发挥应有的作用。

佛山龟鳖养殖有 30 多年历史，爱龟、养龟的人群十分广泛。研究会的成立，一方面反映了人们热爱自然、保护龟鳖、崇尚龟文化的积极心态；另一方面也标志着当地龟鳖养殖业正处于一个全新的发展时期。

会长欧灶流发言

佛山龟鳖研究会成立大会

（五）法国岗法洪龟鳖村（Tortoise Village of Gonfaron）

岗法洪是法国南部濒临地中海名城尼斯与马赛之间的一个小镇。龟鳖村建于1988年，占地140公顷，有12种世界各国的龟，数量达2 000余只。龟鳖村不仅是旅游地，更是保护龟鳖、宣传龟鳖知识、驯养龟鳖的基地。1995年7月，这里曾召开国际龟类保护大会，就如何保护好野生龟鳖进行了讨论。

本书主编周婷在法国岗法洪龟鳖村的大门前留影（于1998年）

由法国岗法洪龟鳖村主办的龟鳖杂志

法国岗法洪龟鳖村内饲养的陆龟

龟鳖村负责人 Bernard Devaux 先生（右一）在南京龟鳖自然博物馆的大门前留影

（六）日本伊豆龟鹤动物园（The Japan Yidou Turtle and Crane Zoo）

伊豆龟鹤动物园是日本最大的龟鹤动物园，收集世界各地龟鳖100多种、1 000多只龟鳖。向游客展示龟鳖的进化、文化、饲养等知识，并有龟鳖表演节目，如龟兔赛跑。

日本伊豆龟鹤动物园

（七）美国加利福尼亚龟鳖俱乐部（California Turtle & Tortoise Club）

美国加利福尼亚龟鳖俱乐部成立于1964年，主要进行龟鳖的研究及保护。他们经常组织会员参观、讨论和交流经验。主要出版刊物为《The Tortuga Gazette》。

美国加利福尼亚龟鳖俱乐部的简报　　　　　　会员聚会，相互交流养龟经验（William Ho）

十一、中外部分龟鳖书籍

《中国龟鳖图集》

　　周久发、周婷编著，赵尔宓译英，1992年江苏科学技术出版社出版。该书是中国第一本介绍中国龟鳖种类的图谱书籍。

《龟鳖欣赏与家庭饲养》

　　周婷编著，于1996年由江苏科学技术出版社出版。

《中国龟鳖研究》

　　赵尔宓主编，周久发、周婷副主编，1997年《四川动物》杂志社编辑部出版。

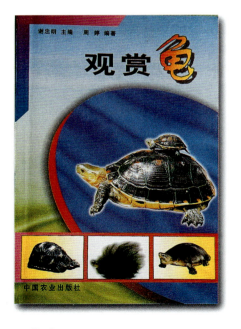

《观赏龟》

　　谢忠明主编，周婷、孙晓峰编著，1999年由中国农业出版社出版。

《中外龟鳖图》火花集

周婷等人编辑，南京火柴厂、南京龟鳖自然博物馆联合发行。有106枚中外龟鳖彩色图片。该火花集是中国火花史上第一套有关龟鳖题材的火花。

《世界陆龟图谱》火花集

周婷等人编辑，南京龟鳖研究会、南京火柴厂联合发行。有44枚中外陆龟彩色图片。

《龟鳖养殖与疾病防治》

周婷、滕久光、王一军编著，2001年8月中国农业出版社出版。

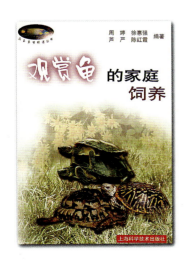

《观赏龟的家庭饲养》

周婷、徐惠强、芦严、陈红霞编著，2001年11月上海科学技术出版社出版。

《常见龟鳖类识别手册》

国家濒危物种进出口管理办公室主编，2002年林业出版社出版。分中英文两个版本。

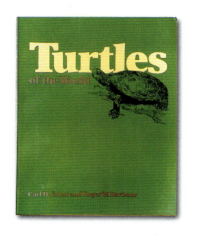

《世界龟鳖》

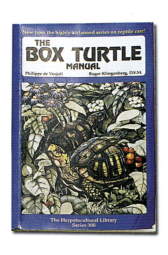

《箱龟类手册》

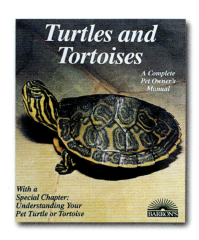

《龟鳖宠物》

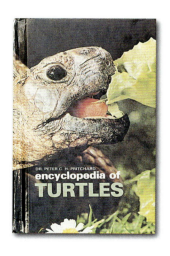

《龟鳖百科大全》

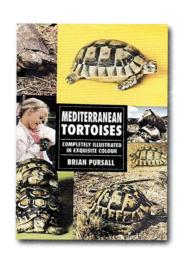

《人工饲养下陆龟的养殖》

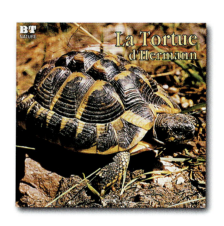

《赫尔曼陆龟》

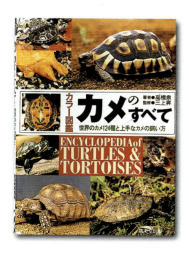

《世界龟鳖图鉴》

《日本两栖爬虫杂志》

十二、附　　录

附录 I　龟鳖目科的检索

附录III　拉丁名索引

附录IV　英文名索引

附录Ⅴ　中文名索引

主要参考文献

(文献排列中文按第一作者姓氏的汉语拼音为序，英文按字母为序)

程一骏.中国海产龟的研究.载赵尔宓主编，周久发，周婷副主编.中国龟鳖研究.四川动物.15卷增刊.1997: 27~54

陈自勉等.四川龟类新纪录——平胸龟.动物学杂志.1994:54～55

陈才法，邹寿昌，杨克合. 金头闭壳龟的繁殖资料及保护对策. 两栖爬行动物学研究. 1995，4～5：316~318

陈碧辉，李炳华.黄缘闭壳龟生态资料.动物学杂志.1979，14(1):22~24

傅金钟.中国产龟鳖类分类研究概述.动物学杂志.1993，28(1):58~61

郭超文，聂刘旺，汪鸣.两种乌龟染色体组型和AgNORs的比较研究.载赵尔宓主编，周久发，周婷副主编.中国龟鳖研究.四川动物.15卷增刊.1997:97~102

侯陵.孵化温度与乌龟的性别.两栖爬行动物学报.1985，4(2):130

罗碧涛，宗愉.闭壳龟属一新种——金头闭壳龟.两栖爬行动物学报.1998(1):13～15

林珠英，周婷，李超美，王水明.闭壳龟的种类及养殖生物学.淡水渔业.2002，32(1):38~40

宋鸣涛.闭壳龟属一新种.动物分类学报.1984，9(3):330~332

史海涛，许设科，刘志宵，贾陈喜，罗志通.四爪陆龟的活动节律.动物学杂志.1995，30(4):40～45

史海涛，许设科.四爪陆龟的栖息地选择及食性分析.载赵尔宓主编，周久发，周婷副主编.中国龟鳖研究.四川动物.15卷增刊.1997:127~132

史海涛，刘惠宁.James Ford Parham.有关中国龟类问题的相关报道.大自然.2003(1):37

史海涛，符有利，汪继超.四眼斑水龟之谜.人与生物圈.2002(6):33～39

史海涛.亚洲陆龟和淡水龟类保护与贸易国际研讨会简介.四川动物.2000(3):189

史海涛.四爪陆龟生态学研究概况及保护现状.四川动物.1998，17(2):65～71

史海涛，许设科.四爪陆龟种群动态及种群结构的初步研究.两栖爬行动物学.1997(6):133~138

唐业忠.中国鳖科Pelodiscus属一新种.动物学研究.1997，18(1):13～17

许设科，向礼陔，帝晓南，苏凤.四爪陆龟生态观察初步报告.新疆大学学报(自然科学版).1984(2):105~111

叶祥奎.我国最早的龟化石.古脊椎动物与古人类.1978，16(3):25

叶祥奎.论龟科和陆龟科.古脊椎动物与古人类.1982，20(1):10~17

叶祥奎.我国的早期龟类.两栖爬行动物学报.1987，6(3):63～66

叶祥奎.中国化石龟鳖类研究的成就及其存在的问题.载钱燕文，赵尔宓，赵肯堂主编.动物科学研究.中国林业出版社，1991:53~59

姚闻卿，刘忠平.安徽爬行类新记录——地龟的初步观察.动物学杂志.1995，30(3):22～24

王义权，陈俐，夏金叶，陈壁辉.黄喉水龟的生态.野生动物.1984 (3)：25~29

张孟文，宗喻，马积蕃.中国动物志——爬行纲.1998:113

张玺，成庆泰.昆明附近爬虫类之记载.中法文化.1946，1(8):2~8

赵尔宓主编，周久发，周婷副主编.中国龟鳖研究.四川动物.15卷增刊.1997

赵尔宓，周婷，叶萍.中国闭壳龟属一新种——周氏闭壳龟.载赵尔宓主编.从水到陆.北京:中国林业出版社，1990:213~216

赵尔宓.我国龟鳖目校正名录及其地理分布.两栖爬行动物学报.1986，5(2):145~148

赵尔宓主编. 四川爬行动物原色图鉴. 北京:中国林业出版社，2003

赵尔宓，赵蕙. 蛇蛙研究丛书之四：中国两栖爬行动物文献——目录索引. 成都科技大学出版社，1994:397

赵尔宓. 中国龟鳖动物的分类与分布研究. 载赵尔宓主编，周久发，周婷副主编. 中国龟鳖研究. 四川动物. 第15卷增刊. 1997:1~26

赵尔宓，张学文，赵蕙，鹰岩. 中国两栖纲和爬行动物校正目录. 四川动物. 2000，19(3):196~207

赵尔宓主编. 中国濒危动物红皮书——两栖类和爬行类. 北京:科学出版社，1998:330

宗愉，马积蕃. 中国龟鳖目的种类和地理分布. 考察与研究. 1986(6):149~151

宗愉，马积蕃. 我国乌龟属Chinemys的研究. 两栖爬行动物学报. 1985，4(3):234~238

邹寿昌，陈才法，杨克合. 金头闭壳龟及其濒危现状. 动物学杂志. 1996，31(3):11~12

周工健，张轩杰，方志刚. 鳖属一新种研究初报. 湖南师范大学自然科学学报. 1991，14(4):379~382

周久发，周婷. 中国龟鳖图集. 南京:江苏科学技术出版社，1992

周婷. 红耳龟的生物学及人工养殖. 四川动物. 1996，16(2):96

周婷. 中国三种龟的生态及人工养殖资料. 载赵尔宓主编，周久发，周婷副主编. 中国龟鳖研究. 四川动物. 第15卷增刊. 1997:143~146

周婷. 四眼斑龟在人工饲养下的生态. 载赵尔宓主编，周久发，周婷副主编. 中国龟鳖研究. 四川动物，第15卷增刊. 1997:147~150

周婷. 凹甲陆龟的人工饲养及疾病防治. 野生动物. 1998，19(20):19

周婷. 中国龟鳖的濒危现状与保护策略. 四川动物. 1998，17(4):170~171

周婷. 中国龟鳖类动物的现状. 北京水产2000年专集. 40

周婷. 龟鳖动物综述. 北京水产2000年专集. 43

周婷. 龟鳖动物的多样性及其保护. 中学生物学. 2000(1):1~4

周婷. 龟鳖欣赏与家庭饲养. 南京:江苏科学技术出版社，1996

周婷. 观赏龟. 北京:中国农业出版社，1999

周婷. 龟鳖养殖与疾病防治. 北京:中国农业出版社，2001

周婷. 观赏龟的家庭饲养. 上海:上海科学技术出版社，2002

Anders G.J.Rhodin. Chelid Turtles of the Australia Archipelago: II .A new Species of Chelodina from Rotilsland, Indonesia. Breviora Museum of Comparative Zoology. 1994，498：1~31

Carl H.Ernst. Cuora McCord，A new Chinese Box Turtle from Guangxi Province. proceedings of the Biological Society of Washington. 1988，101(2):466~470

Elmar Meier. Keeping and breedding Zhou's box turtle, Cuora zhoui. EMYS. 2002，9(4):4~20

Ernst C. H. Redescriptions of two Chinese non-marine chelonians. Chinese Herpetologicai Research. 1988，2:65~68

Ernst C. H.，& R. W. Barbour. Turtles of the World. Smithsonian tnstitution Press，Washington，D.C.，1989:313

Iverson，J.B.，& W. P. McCord. Redescription of the Arakan Forest Turtle Geoemyda depressa Anderson. 1875，(Testudines：Bataguridae). ——Chelonian Conservation and Biology. 1997，2(3):384~389

Iverson,J.B.,&W.P.McCord. A new Chinese eyed turtle of the genus Sacalia(Batagurinae : Testudines).Proceedings of the Biological Society of Washington. 1992，105(3):426~432

Iverson, J.B., & W.P.McCord. A new species of Cyclmys(Testudines: Bataguridae) from Southeast Asia. Proceedings of the Biological Society of Washington . 1997, 110(4):629~639

Iverson J.B., A revised Checklist With Distribution Maps of the Turtles of the World. Privately Printed. Praust Printing, Richmond, Indiana. 1992:318

McCord, W.P., Mauremys pritchardi, A New Batagurid Turtle from Myanmar and Yunnan, China.Chelonian Conservati on and Biology. 1997, 2(4):555~562

McCord, W.P., & J.B.Iverson, and Boeadi. A new Batagurid Turtle from Northern Sulawesi, Indonesia Chelonian Conservation and Biology. 1995, 1(4):311~316

McCord, W.P., & J.B.Iverson. A new box turtle of the genus Cuora(Testudines : Emydidae)With taxonomic notes and a key to the species. Herpetologica. 1991, 47 : 407~420

McCord, W. P., & J.B.Iverson. A new species of Ocadia(Testudines: Bataguridae)from Hainan island, China.— Proceedings of the Biological Society of Washington. 1992, 105(1), 13~18

McCord, W.P., & J.B.Iverson. A new species of Ocadia(Testudines : Bataguridae) from Southwestern China.— Proceedings of the Biological Society of Washington.1994, 107(1):52~59

McCord, W.P., & J.B. Iverson. A new Box Turtle of the Genus Cuora (Testudines : Emydidae) with Taxonomic Notes and A Key to the Species. Herpetologica. 1991, 47(4):407~420

McCord, W.P., & Scott A. Thomson. A New Species of Chelodina (Testudines : Pleurodira : Chelidae) from Northern Australia. Journal of Herpetology. 2002, 36(2):255~267

McCord W.P., & J.B. Iverson. et al. A new Genus Geoemyda Turtle from Asia. Hamadryad. 2000, 25(2):86~90

Michael Lau, & Shi Haitao. Conservation and trade of Terrestrial and Freshwater Turtles and Tortoises in the People's Republic of China.Chelonian Research Monographs. 2000 (2):30~38

Pritchard, P. C. H. Encyclopedia of Turtles. T. F. H. Puble., Inc., Neptune, New Jersey. 1979:895

Pritchard, P. C. H. & W. P. McCord. A New emydid turtle from China. Herpetologica. 1991, 47: 139~147

Ron de Bruin. Breeding the indochinese Box turtle, Cuora galbinifrons galbinifrons Bourret, ENYS. 2002, 9(5): 4~16

Shi Haitao, and James Ford Parham. Preliminary observation of a large turtle farm in Hainan Province, People's Republic of China.Turtle and tortoise Newsletter. 2001(3):4~6

致 谢
ACKNOWLEDGEMENTS

在撰写过程中，承赵尔宓院士悉心指导并审稿，愚诸多疑问迎刃而解，他的博学是我所敬佩的。曹文宣院士在百忙中亲笔复信并赠方炳文先生的生平事迹及珍贵照片，令我终生难忘。美国著名龟鳖学者William P. McCord 馈赠照片 40 余张及资料 30 余份；荷兰 Ron de Bruin 博士惠赠照片 30 余张，使我感激万分。

另书中各检索表大多译自美国著名龟鳖学者 John B.Iverson 的《A Revised Checklist with Distribution Maps of the Turtles of the World》和美国著名龟鳖学者 Carl H.Ernst 与 Roger W.Barbour 合著的《Turtles of the World》两本书，在此特表谢意。

此外，诸多中外学者、师长、同行给予鼎立支持，在此一并申谢（敬称从略）。

北京：孟宪林　范志勇　施光学　李德胜　芦　严　王一军

上海：王庆华　沈　卫　林　颖　陆　伟　岑重庆　陈如江

南京：邢定康　蒋　辉　陈建秀　黄苏华　黄国庆　周　宁　孙晓峰
　　　查永安　曹庆海　孙　婷　周晓逸　周峰婷

长沙：周工健　邓学建

成都：李　东

佛山：梁玉颜　陈　梅

昆明：寇治通

南宁：唐业忠

台湾：毛寿先　程一骏　周文豪　黄文山　陈鸿鸣　李炎堂

香港：萧丽萍　刘惠宁　杨如珊　麦树雄　陈镇平

日本：松坂　实　加藤　进　饭冢美代子　杉本伸二　H . Ota

英国：Andy C. Highfield

美国：Peter C. H. Pritchard　John B.Iverson　William P. McCord
　　　Carl H. Ernst　Roger W. Barbour　William Ho　Michael Nesbit
　　　Ralph Hoekstra　Jame R.Buskirk　Grlory S. Eldridle

荷兰：Ron de Bruin　Victor Loehr　Mary Vriens

法国：Bernard Devuax

德国：Dirk Stratmann　Torsten Blanck

（以上名单如有疏漏，务请见谅）

编者　周　婷
2004 年 1 月

图书在版编目（CIP）数据

龟鳖分类图鉴／周婷主编．—北京：中国农业出版社，
2004.3（2015.10 重印）
ISBN 978-7-109-08338-7

Ⅰ．龟… Ⅱ．周… Ⅲ．龟鳖目－分类－图集 Ⅳ．
Q959.6-64

中国版本图书馆 CIP 数据核字（2003）第 033435 号

中国农业出版社出版
（北京市朝阳区农展馆北路 2 号）
（邮政编码　100125）
责任编辑　林珠英

北京中科印刷有限公司印刷　　新华书店北京发行所发行
2004 年 3 月第 1 版　　2015 年 10 月北京第 7 次印刷

开本：889mm×1194mm　1/16　　印张：18
字数：300 千字　印数：7 001～8 000 册
定价：198.00 元
（凡本版图书出现印刷、装订错误，请向出版社发行部调换）